U0256292

非耕地
日光温室蔬菜生产技术

梁桂梅　张国森　王娟娟　主编

中国农业出版社

图书在版编目（CIP）数据

非耕地日光温室蔬菜生产技术 / 梁桂梅，张国森，王娟娟主编 . —北京：中国农业出版社，2015.12
ISBN 978-7-109-21336-4

Ⅰ.①非… Ⅱ.①梁… ②张… ③王… Ⅲ.①蔬菜—温室栽培 Ⅳ.①S626.5

中国版本图书馆 CIP 数据核字（2016）第 007066 号

中国农业出版社出版
（北京市朝阳区麦子店街 18 号楼）
（邮政编码 100125）
责任编辑 郭 科 孟令洋

中国农业出版社印刷厂印刷　新华书店北京发行所发行
2015 年 12 月第 1 版　2015 年 12 月北京第 1 次印刷

开本：880mm×1230mm 1/32　印张：6.625
字数：240 千字
定价：25.00 元
（凡本版图书出现印刷、装订错误，请向出版社发行部调换）

主　编：梁桂梅　张国森　王娟娟

副主编：蒋　宏　殷学云　邹志荣　张　凯

参　编（按姓名笔画排序）：

　　　　　毛德新　白　岩　刘长军　孙学录

　　　　　李　莉　李　萍　杨茂元　冷　杨

　　　　　孟红霞　柴再生　崔海成　葛　亮

　　　　　韩志忠

序 言

Preface

　　我国具有非常丰富的非耕地资源，其主要分布在西北、东北以及沿海滩涂地区。非耕地具有独特的自然条件和地理特征，气候干燥、降水量少、昼夜温差大、日照时间长，光热资源非常丰富，在非耕地上，特别是在西北地区非耕地上发展以节能日光温室为主的设施农业生产具有广阔前景和特殊意义。合理利用及开发好非耕地资源是调整农业结构、转变农业发展方式的有效途径，是促进农民增收、实现农民脱贫致富的重要手段，是建设资源节约型、环境友好型农业的重要方式，是增加农产品有效供给、保障食品安全的有力措施。

　　近几年来，围绕"西北非耕地农业利用技术集成及产业化示范"项目，相关农业科研院所、高校及各级农业技术推广部门为推动西北非耕地农业综合开发利用发挥了巨大作用，西北非耕地设施农业得到了迅速的发展，通过项目示范带动和技术观摩培训等方式，集成了一系列的设施农业生产技术模式，涌现了一批具有代表性的农业生产基地，促进了当地农业产业可持续发展。

　　本书以日光温室蔬菜生产为主线，结合非耕地特点以及各地生产实际，从非耕地现状、日光温室优化设计与应用、主要蔬菜栽培技术、病虫害绿色防控技术等方面对非耕地日光温室蔬菜生产进行了总结完善，以期为各地非耕地设施蔬菜生产者提供技术指导与支撑。

由于资料繁杂，时间紧迫，水平有限，书中部分内容难免出现不妥之处，欢迎广大读者批评指正。

编　者

2015 年 12 月

目 录
Contents

序言

第一章

我国非耕地现状及开发利用

第一节　我国非耕地的类型、分布及利用

非耕地是指除耕地之外未被开垦的土地，或因地力条件差，不适于耕种或耕种后效益低，入不敷出，弃之不用的土地。这种类型的土地全国各地均有分布，以西北地区分布较为广泛。主要类型有戈壁、滩涂、荒漠、盐碱地、山地、草甸等，由于其不具备土壤耕作条件，大部分不适宜进行农业生产，但具有水源条件的各种非耕地区域，在国家法律法规保护范围内，可有效开发利用，尤其是在西部寒冷地区，利用非耕地进行设施日光温室蔬菜生产，可大量节约耕地资源，具有较大的发展潜力。目前适宜利用的非耕地类型有以下几类：

一、戈壁、荒漠

在我国西北、东北的西部及华北的北部，有大片的沙质荒漠及辽阔的砾石戈壁土质类型，其主要分布在新疆、青海、甘肃、内蒙古、宁夏、陕西、吉林和黑龙江等省份。统计表明，中国的沙漠、戈壁和沙漠化土地面积约 130.8 万千米^2，荒漠草原和干草原地带的沙漠化土地面积约 32.8 万千米^2，共占国土总面积的 13.5%。尤其是内蒙古中西部、甘肃河西走廊以及新疆东部等地广泛分布的戈壁、沙漠（荒漠），这种类型的土地虽然有着土层浅薄、土质沙化、肥力贫瘠等特点，并伴随着干旱、风沙等不利因素的影响，但

由于蕴藏有一定数量的水、土、动植物、矿物和热能资源可供开发利用，完全适合日光温室蔬菜生产技术的示范与推广。据初步估计，我国在戈壁、荒漠地区可供开发利用的土地面积达 2 亿亩[①]左右。

二、盐碱地

我国盐碱地主要分布在东北、西北及沿海平原地区，面积达 5.2 亿亩。在 20 世纪 70 年代以后，通过大面积的开发、利用和改造，约 1 亿亩的盐碱地得到开发利用，目前尚有 2.6 亿亩存在发生次生盐渍化的倾向。其中内蒙古河套地区、宁夏银川平原、甘肃河西走廊等荒漠、半荒漠地区盐碱地大面积连片分布，土壤及地下水含盐量较高，开发利用往往要与水质的改良同步进行。

三、沿海滩涂

沿海滩涂主要分布在我国东南沿海地区，主要有两种类型，一种是以细沙粒为主的近海海滩，质地松软，保水保肥性能较差；另一种是靠海或近海盐渍地，质地僵硬。这两种类型的非耕地，可结合围海造田改造利用。

戈壁、荒漠、盐碱地、滩涂等地势相对平坦，在配套完善水、电、交通等基础设施建设的同时，充分利用设施蔬菜种植中有机生态型无土栽培技术不受土质条件限制的优势，将其用于发展日光温室高效种植是一条行之有效的途径。除此之外，非耕地中的山地、坡地、丘陵、草甸等，由于无法进行相应的配套设施建设，改造条件差，不适宜发展设施蔬菜，尤其是日光温室蔬菜生产。

---

① 亩为非法定计量单位，1 亩＝1/15 公顷，下同。——编者注

第二节 非耕地开发利用前景及意义

一、我国设施蔬菜的发展现状及制约因素

近年来，我国各地因地制宜、立足实际、突出特色，大力发展设施蔬菜生产，使日光温室产业得到了快速发展，为加快农村经济发展、丰富城乡"菜篮子"工程、增加菜农收入发挥了重要作用。据统计，至 2010 年，我国以日光温室为主的设施蔬菜栽培面积达300 多万公顷，占世界设施蔬菜总面积的 80% 以上。但是，在设施蔬菜发展方面，还存在着不少制约因素。首先，我国是一个人口大国，也是一个人均资源相对匮乏的国家，人口增长快、耕地逐年减少、现代化程度低、自然环境恶劣是我国农业发展中呈现的基本现状。在设施蔬菜产业迅速发展的同时，粮菜争地和工业用地造成人地矛盾不断加剧，成为不争的事实。其次，由于长期连作，设施栽培土壤退化、次生盐碱危害及病虫害的逐年加重已经成为影响我国设施蔬菜发展的重要瓶颈。再次，我国设施蔬菜产业由于起步较晚，发展水平低，科技含量不高，基础研究相对薄弱，标准化技术体系尚未完善，产品质量安全需要进一步提高。最后，开发利用非耕地进行设施蔬菜生产还处于探索阶段，与高度专业化、规模化、一体化、机械化、工厂化和现代化的国际水准和发展需求差距还很大。

二、非耕地的开发利用前景

众所周知，国外成功利用非耕地发展高效农业的典型是以色列。以色列是一个气候干旱、淡水资源十分匮乏的国家，但由于其多年来大力发展节水型设施农业，科学发展非耕地高效农业，使其在蔬菜、花卉等园艺产品和其他高档农副产品的出口方面居于世界前列，特别是高效农业节水灌溉技术世界一流。以色列在非耕地设施农业方面的成功经验，为我们提供了可借鉴的范例。我国 85%以上的土地资源为非耕地资源，其中沙漠和戈壁滩等荒地面积占到

陆地面积的 1/7；各类盐碱地面积总计 9 913.3 万公顷（14.9 亿亩），其中适于开垦种植农作物、发展人工牧草和经济林木的土地至少约有 3 530 万公顷（5.3 亿亩），占全国土地总面积的 3.7%，这类非耕地土地资源开发程度低，开发潜力大。近年来，西北地区的甘肃、新疆、宁夏等地在戈壁滩、沙漠及不适于粮食作物生产的荒坡地发展设施园艺（主要为蔬菜、果树、食用菌等），这些地区依据西部地区光热资源丰富的特点，已初步取得成功经验。

三、非耕地日光温室蔬菜生产的意义

非耕地日光温室蔬菜生产是指在沙漠、戈壁滩、盐碱地、旱沙地、荒山坡地、沿海滩涂等不适于耕作的土地上，利用日光温室设施条件，以现代科学技术和装备为支撑，用现代组织管理和经营方式进行蔬菜生产。它可使原本不适于耕作的土地产生较好的经济效益、社会效益和生态效益，是解决粮菜争地矛盾，增加可利用土地的有效途径之一，又是非耕地高效农业产业化发展的主要形式。

非耕地日光温室蔬菜生产既是一项农业科技发展和农民增收致富的科技措施，又是一项农业产业化发展中具有高科技的系统工程，主要包括两方面的内容：一是日光温室蔬菜生产的物质条件和技术的现代化，用先进的科学技术和生产要素装备设施农业，即采用现代农业工程技术、节水技术及材料技术等最新技术成果，使非耕地日光温室发展成为可能；二是农业组织管理的现代化，实现农业生产的专业化、社会化、区域化和企业化。由于我国人多地少，耕地十分缺乏，为此，科学合理地开发非耕地资源、发展非耕地设施农业，具有增加农业土地资源、缓解用地矛盾、提高非耕地资源利用、增加农民收益等重要意义。

（一）科学发展以日光温室为主的非耕地设施农业可以有效增加农业土地资源

我国新疆、甘肃和宁夏等西北地区土地面积占全国陆地面积的

42.3%，其中沙漠、沙化土地、戈壁滩、盐碱地等非耕地土地资源面积分布广泛，而人口仅占全国人口的 7%。大力开发我国西北地区非耕地土地资源，科学发展以日光温室为主的非耕地高效农业，不仅可以有效缓解城乡建设用地需求与我国耕地保有量坚守 18 亿亩底线的矛盾，而且，也可有效提高土地使用率和土地质量，增加可耕地粮食种植面积，有效解决日益严重的粮菜、粮果等争地矛盾，为社会提供更多的优质蔬菜、果品，保障"菜篮子"产品供应。

（二）科学发展以日光温室为主的非耕地设施农业可以保护和改善生态环境

非耕地日光温室的科学发展，充分利用我国非耕地的光热资源优势，有效节约了能耗，有利于低碳农业的发展，以及保护和改善生态环境。如我国新疆、甘肃和宁夏等西北地区的沙漠、戈壁滩、盐碱地等非耕地不仅具有丰富的光热资源，而且大多无污染，在全国各地生态环境中极为突出，是全国其他任何地区不可比拟的，为设施农业、生态农业和有机农业的发展提供了资源保障。

（三）科学发展以日光温室为主的非耕地设施农业可以促进现代农业的发展

通过非耕地日光温室的科学发展，可以有效提高农业的现代化组织管理水平，有效提高农业生产的产业化、社会化和企业化水平，有效提高我国农业从业者的素质，显著提高农民收入，壮大农村经济。

第二章

非耕地日光温室优化设计与应用

第一节 非耕地日光温室的特点及设计要求

一、非耕地日光温室的特点

（一）地理优势及资源最大利用特点

西北地区戈壁、沙石、盐碱、荒漠等非耕地分布广泛，地势相对较为平坦、空旷，非耕地上没有或少有建筑物及树木等遮挡，有利于依地形地势因地制宜，合理规划布局，连片规模发展日光温室，实施集约化管理。同时，可采用下挖式建造墙体，以红砖、空心砖或利用挖出的块石砌建墙体，挖出的沙石可做后部堆砌保温层。因此，可就地取材，最大限度地利用现有资源，实现节本降耗。

（二）气候因素及小气候环境变化特点

非耕地日光温室建在地域开阔的地带，光照充足，对蔬菜生长非常有利。由于该类区域昼夜温差大，利于蔬菜营养积累，所产蔬菜品质优良。采用下挖式建造及后墙堆砌保温层处理等保温措施，蔬菜可安全过冬并实现周年生产。但受所处位置气候因素影响，不同栽培季节各有利弊。春秋气候凉爽，蔬菜生长良好，而夏季高温干燥，蒸发量大，易产生高温障碍，需采取遮阴降温及增湿措施。在冬季低温季节，白天棚内升温快，夜间降温也快，温室内小气候环境变化较传统耕地温室变幅更大，会出现持续低温高湿，蔬菜易遭受低温冷害及冻害，因此，需特别注意降湿防病及保温蓄热。

（三）设备配套及技术集成特点

在非耕地日光温室中，利于配套应用有机生态型无土栽培技术，可最大限度地发挥该技术的增产增效优势，通过穴盘无土育苗、节水灌溉、测土配方施肥等技术的集成应用，实现了蔬菜标准化无公害生产，具有低碳环保、节水高效、利于循环农业发展的特点。同时，通过配套应用自动卷帘、自动放风、自动施肥等自动化、智能化新技术产品，可较高程度地提升科技组装水平，促进现代农业发展。

二、非耕地日光温室的设计要求

非耕地日光温室的设计，应在符合日光温室采光和保温设计原理的前提下，以适应作物生育和管理需要，实现"高效节能"为依据，充分考虑节本降耗、安全，着重处理好六项结构参数，即适宜的跨度、脊高、角度、墙体和后屋面的厚度以及前、后屋面的水平投影长度比等，同时还应选择好骨架材料、墙体和后屋面等维护结构材料和透明、不透明保温覆盖材料。

（一）方位角

方位角是指日光温室走向延长线的法线与正南方向当地子午线的夹角。非耕地日光温室对方位有较严格的要求，一般要求坐北向南，东西走向，正向布局，目的是尽可能延长日照时间，在具体实施时，由于地形的限制，无法做到正向布局时，可根据具体情况，向东或向西偏斜5°，最大偏斜不可超过10°，若偏斜角度太大，会减少日光温室的日照时间，直接影响温室的热性能，当然对生产也会带来很大损失。

（二）脊高

脊高是指日光温室屋面最高点与室内地平线之间的垂直高度。脊高太低，温室内空间太小，热容性能差，往往造成骤冷骤热，夜间保温性差，容易引起植物冷害，同时由于空间小，水蒸气排放不流畅，造成室内湿度过大，容易结露，会引起多种病害发生。脊高过高，温室内空间太大，早晨升温速度慢，白天在自然光照条件下，仍不能把室内温度提高到要求的区间，那么在夜间也无法使室内温度保持在8℃以上，同样有造成冷害的可能。通过多年生产实践，目前在生产中建造的日光温室，其脊高控制在3.9～4.5米是比较理想的。

（三）跨度

跨度是指日光温室的后墙内侧至前屋面骨架基础内侧的距离。跨度过小，温室内栽培床面积小，生产能力差。跨度过大，直接影响日光温室前屋面的坡度，也就影响了太阳光的入射角度，造成日光温室棚面的直射率低，进而影响温室的热效应，降低温室的生产性能。在3.9～4.5米脊高控制下的日光温室，其合理的跨度是8.0～8.5米。

（四）长度

长度是指日光温室沿屋脊方向的长度，即温室东、西山墙内侧之间的距离。无论建造多么长的日光温室，其东、西两侧的山墙高度是不变的，也就是说两侧山墙在温室内造成的阴影面积是不变的，这种阴影面积在温室内属弱光照区，即低产区，温室越长，两侧山墙内造成的阴影和温室总面积的比值就小，也就是说山墙阴影对温室生产造成的损失比例就小。温室越短，山墙阴影对温室生产造成的损失比例就越大。因此，原则上讲只要地形允许，日光温室越长越好。但根据生产需要，为了操作方便，一般日光温室的建造长度以50～80米为宜。

（五）厚度

厚度是指非耕地日光温室墙体的厚度和日光温室后屋面的厚度。

1. 墙体厚度　主要是为降低热传导对温室内温度损失的影响，墙体厚度不够，热传导作用频繁，保温性能差，热量损失大。墙体过厚，建造施工难度大，造价高。因此，非耕地日光温室墙体的厚度要有一个科学合理的选择，根据本地10年累计冻土层的厚度决定墙体厚度。生产实践证明，非耕地日光温室墙体厚度一般确定为

1.5～2 米，即可达到降低热传导，提高温室保温性能的要求。

2. 后屋面草层厚度　为了提高非耕地日光温室后屋面的载热和保温作用，后屋面一般选用麦草做保温隔热层。麦草比泥土、混凝土的热容大，白天在太阳照射下，可储备大量热能，夜间随温室内气温不断下降，草层的热能不断释放出来，补偿温室内温度。同时麦草层的空隙度大，热传导小，热量对外散失得少，有良好的保温作用。一般后屋面的草层在屋面中部要达到 70 厘米厚，前沿要达到 20 厘米厚。

(六) 角度

角度是指后屋面的仰角和前屋面的太阳光入射角。

1. 后屋面仰角　非耕地日光温室后屋面和后墙体的交角为 $90°+(40°\pm5°)$，也就是说形成了 $125°\sim135°$的交角，后屋面对后墙体几乎没有造成阴影面，冬至前后，后屋面和后墙体同样可有太阳光照射，容易提高后屋面和后墙体的温度，从而提高温室性能。

2. 前屋面太阳光入射角　前屋面太阳光入射角是根据不同纬度地区冬至时的太阳高度角确定的，确定合理的前屋面太阳光入射角，是提高日光温室温光性能的基础，其计算方法为：

$$\alpha = \Phi - \delta - 40°$$

式中：α ——日光温室合理采光屋面角；

　　　　Φ ——具体地区的地理纬度；

　　　　δ ——冬至时的赤纬，为 $-23.5°$；

　　　　$-40°$——为了降低温室起架，形成的一个常数。

将太阳光入射角控制在 $0°\sim90°$，入射角不大于 $90°$。例：在北纬 36°地区，其合理采光屋面角应为：$\alpha = \Phi - \delta - 40° = 36° - (-23.5°) - 40° = 19.5°$。在北纬 39°地区，其合理采光屋面角应为：$\alpha = \Phi - \delta - 40° = 39° - (-23.5°) - 40° = 22.5°$。由于太阳高度角及入射角的年节期变化和日时段变化，致使日光温室只有在冬至正午时才能达到合理的采光要求，其他节气，其他时段采光均不够合理。从作物光合强度及最佳光合作用时段看，早上日出至正午，是光合作用最活跃的时候，这段时间需要有充足的光照和理想的温度环境，因此，可将日出至正午视为最佳采光时段，那么，在确定合理采光屋面角时，以考虑最佳采光时段（10:00）的太阳高度角及入射角最为合理。根据计算，非耕地日光温室前屋面倾角应在合理采光屋面角的基础上增加 5°～7°即可。据此，在北纬 36°地区，其最佳采光时段合理采光屋面角应为（19.5°+5°）～（19.5°+7°），即 24.5°～26.5°。在北纬 39°地区，其最佳采光时段合理采光屋面角应为（22.5°+5°）～（22.5°+7°），即 27.5°～29.5°。以计算出的采光屋面角为基础，确定日光温室前屋面的坡度及弧度，即可建造理想的非耕地日光温室。

（七）其他设计

非耕地日光温室的设计除了要考虑上述几个主要的总体尺寸和角度参数外，还应该做好以下几个方面的设计：

1. 防寒沟 防寒沟是在温室前屋面底脚下挖的一条地沟，内填干草或密封隔寒，一般宽 30～40 厘米、深 40～60 厘米。防寒沟挖好填满干草后，顶部应压一层 15 厘米厚黏土，并向南倾斜，以防雨水流入沟内。

2. 通风口 通风换气是非耕地日光温室蔬菜生产中重要而又经常性的一项管理工作。主要作用是降温、排湿及补充二氧化碳，有时还利用通风换气排除有害气体。通风换气主要依靠在温室前屋面上开通风口进行自然通风，即借助热力（热空气比重轻因而向上流动）或风力达到室内外空气交换的目的。通常分上下两排，上排设在屋脊处，排气能力最强，主要是向外排出湿热空气，但开张较大时，也可由此渗入部分冷空气，如果温度过低，可能使接近通风口的作物遭受冷害。下排通风口主要起进气作用，为了防止贴地冷空气（扫地风）直接进入温室内，下排通风口不可设置得太低，多设在距地面约 1 米高处。

通风口的开设方法通常采用扒缝放风。上排通风口是在放风时将屋脊处的薄膜扒开，不通风时拉严。上片宽 1.2～2 米，在扣膜时上片叠压在下片上边约 20 厘米，然后再在膜上压好压膜线，使两片薄膜之间平时没有缝隙，需要放风时，从两块薄膜搭缝处用手扒开，变成一条通风道。这种放风方法薄膜不易受损，风量大小可通过扒缝大小来调节，通风作业速度快，是一种较好的通风方法。

3. 缓冲间　非耕地日光温室面积较大时，常在温室一端建立一个作业间，这样既可作工作人员休息室，又是一个缓冲间，有利于温室保温，但在寒冷季节，通向温室的门里侧应设一个40厘米高的围裙，以防止冷空气直接进入室内，降低室温。

4. 卷帘机械　每天早晚揭盖草帘是日光温室管理中既繁重又费劳力的一项工作。现在各地已普遍使用电动卷帘机械（拉杆式卷帘机），可大大加快卷帘速度，延长温室内日照时间，同时节省劳动力。

三、建造材料及保温覆盖材料的选择

非耕地日光温室设计建造要以就地取材、着重实效、降低成本、增加效益为原则，要重视做好骨架材料、墙体和后屋面材料、透明覆盖材料和夜间保温覆盖材料的选择。

（一）骨架材料

棚面骨架材料主要采用钢筋混凝土预制件与竹拱竿混合骨架和竹拱竿骨架与钢筋或钢管骨架。非耕地日光温室骨架材料以后者为主，主架采用钢管材料，两个钢架之间南北方向用竹片绑缚，间隔50～60厘米，东西方向用8号铅丝按30厘米间距布设或3～5道拉杆固定。铅丝靠近屋脊的间隔应近一些，两端固定在山墙外的地锚上。

1. 钢筋混凝土预制件与竹拱竿混合骨架　钢筋混凝土预制件主要包括柱、柁、檩，拱架则仍用竹片。这种混合骨架比竹木结构更为耐用，但施工技术要求高，成本也较高，在经济较发达地区应用较多。

2. 钢筋或钢管骨架　用钢筋或钢管焊接成双弦拱架，可直接架在屋脊上。主要有两种建设形式，一种是每隔1～1.5米焊接一副钢架，东西向再用3～5道拉杆连接固定；另一种是每隔2.5～3米固定一副钢架，钢架中间用竹竿和铅丝等材料固定。两种形式建

设都是拱圆形琴弦式无立柱结构。

(二) 墙体和后屋面材料

1. 墙体材料　目前生产上建造非耕地日光温室墙体材料以就地取材为主，在戈壁石滩上用挖出的石块及石沙砌墙，在荒漠细沙地上用编织袋装沙土垒墙，在盐碱地上用红砖或空心砖砌墙。块石砌建墙体及袋石垒建墙体，冬季墙体易吸热，温室内升温快，且在墙体后面堆积成保温层，减少了夜间温室内热量流失，温度较传统日光温室平均升高 2.5～3℃，提高了抵御风雪、寒流等自然灾害的能力；砖墙保温能力比同样厚度的土墙略低，建筑成本也高，但耐压、耐水、耐用。

2. 后屋面材料　总的要求是轻、暖、严，并有一定的厚度。目前应用较普遍的是玉米秸、麦秸、稻草、茅草等秸秆类材料，配合使用的有碎草、稻壳、高粱壳、玉米皮、脱粒后的高粱穗子和薄膜等。为了使后屋面不透入冷风，在铺完玉米秸等材料后，还需要抹两遍草泥。有些后屋面较短的永久式日光温室，用 10 厘米厚空心混凝土板或 5 厘米厚槽形钢筋混凝土板，上面再压一层约 20 厘米厚草泥，这在北纬 40°以南冬季温度较高的地区尚可应用，但在北纬 40°以北地区因保温性能差，必须特别注意加厚保温层。

(三) 透明覆盖材料和夜间保温覆盖材料

1. 透明覆盖材料　透明覆盖材料就是温室前屋面覆盖的棚膜，对透明覆盖材料的要求是夜间保温性要好，白天透光率要高。

2. 夜间保温覆盖材料　日光温室夜间一般不加温，所以前屋面保温覆盖材料的选择十分重要。常用于夜间保温覆盖的材料主要有草苫（帘）、纸被、棉被、不织布，非耕地日光温室上主要用棉被，极少数也用不织布。

棉被：用棉布（或包装用布）和棉絮（可用等外花或短绒棉）缝制而成。保温性能好，其保温能力在高寒地区约为 10℃，高于草苫和纸被的保温能力。棉被造价高，但可使用多年。

不织布：又称无纺布，或称"丰收布"。不织布是用聚酯乙烯制造出来的非纺织产品，所用聚酯乙烯纤维有长有短，断面有圆形的，也有椭圆形的。椭圆形断面长纤维制成的无纺布结构紧密，保温性能好。但是每平方米 20 克重的无纺布保温能力只有 1.5℃左右，不如 0.1 毫米聚氯乙烯薄膜的保温能力。无纺布的另一优点是具有一定的吸湿性，所以它最适合作温室的内保温幕。

第二节　非耕地日光温室采光设计

一、太阳辐射的性质与温室生产

太阳辐射既是日光温室的热量来源，又是栽培作物光合作用的能量来源。日光温室生产是在一年中日照时间最短、光照度最弱的季节里进行的。搞好日光温室的采光设计，最大限度地把太阳辐射引进温室中来，这是保证日光温室蔬菜栽培取得成功并获得高产和高效的关键。

太阳是一个炽热球体，蕴藏着巨大的能量。太阳热能是以短波辐射的形式来传递的。到达地球表面时，太阳辐射根据不同波长，可分为紫外线、可见光、红外线。

对于日光温室和栽培作物来说，不同波长的光具有不同的作用。波长较长的红外线主要转化为热量，是温室的热量来源。可见光依次分为红、橙、黄、绿、青、蓝、紫，其中红、橙光主要作用是光合作用，绿光有低光合作用和弱的形态建成作用，而蓝、紫光则有较强的光合作用和形态建成作用。波长较短的紫外线对形态建成有较好的作用，可以抑制植株徒长。紫外线还有杀灭和抑制病原菌的作用。

二、影响温室采光的主要因素及解决办法

（一）日光温室的方位与采光

温室的方位是指温室屋脊的走向。日光温室为不等屋面，透明屋面向阳受光，东西墙和北墙都不透光，所以日光温室的方位一般均为东西延长，坐北朝南，这样可以在冬春季节接受较多的太阳辐射。但是在实际生产中应该根据当地的具体情况有所区别。对于冬

季最低温度较低或空气污染较重、雾气发生较频繁的地区，冬至前后草苫的揭盖多在 10∶00～16∶00，朝南偏东的温室上午并不能提前揭苫照光，因此对于我国北方大部分冬季寒冷地区冬用型日光温室以东西延长偏西 5°～10°最好，以使日光温室更多地利用中午到下午这个时段的直射光，同时也可避免因与季风风向垂直而加大温室散热，使翌日早晨维持较高的室内最低温度。但在冬季并不寒冷并且大雾不多的地方，冬用型日光温室方位可以偏东 5°～10°，俗称抢阳，以充分利用上午的阳光，上午光质好，更加有利于光合作用，还可避免或减弱西北风的侵袭。春用型日光温室冬季主要是生产耐寒性蔬菜或半耐寒性蔬菜，温室的方位也应以东西延长偏东为宜。但是无论是偏东还是偏西，均以不超过 10°为宜，且不宜与季风方向垂直。

（二）日光温室前屋面角度与采光

冬春季节是日光温室的主要生产期，也正是太阳辐射最弱的季节，能否充分合理利用太阳辐射关系到温室生产的成败。温室内光照强弱不仅决定温室内温度的高低，也影响植物的光合作用和产量的形成。因此采光设计是日光温室设计建造中应首先解决的问题。

确定合理的采光屋面角度是日光温室设计和建造的关键。日光温室前屋面透明覆盖物一般为塑料薄膜，太阳光透过塑料薄膜进入温室内的光强占入射光强的百分比称为透光率。太阳光照射到薄膜上以后除大部分透过薄膜进入温室外，还会有一部分被薄膜吸收和反射掉。吸收率、反射率和透光率三者有如下的关系：吸收率＋发射率＋透光率＝100%。

对于一种薄膜来说，它对光线的吸收率就决定于反射率的大小。只有反射率小，透光率才高。反射率大小与光线的入射角有直接的关系，入射角越小，透光率越高。当入射角在 0°～40°时随着入射角的加大，光的反射率也加大，但变化不明显；当入射角在 40°～60°时透光率随着入射角的加大而明显下降，当入射角在60°～90°时，透光率将随着入射角加大而急剧下降。太阳光线与日光温室前屋面所构成的入射角是由太阳高度角和前屋面采光角所决定的。日光温室前屋面采光角度的设计是以地理纬度和冬至时的太阳高度角为依据，所以入射角的大小完全由前屋面角来决定。

日光温室合理采光时段保持在 4 小时以上，即在 10：00～14：00 太阳对温室采光屋面的投射角均要达到 50°以上，在北纬32°～43°的地区，合理采光屋面角比合理采光时段屋面角小10.69°～11.24°。

（三）日光温室后屋面角度与采光

日光温室后屋面角度是指后屋面与地平面的夹角，它取决于屋脊与后墙的高差和后屋面的水平投影长度。如果屋脊高度和后屋面水平投影长度已定，则后墙越矮的后屋面角度越大，反之越小。已有的研究表明，日光温室的后屋面不但有保温、吸收和储存能量的作用，还可以增加反射光线，因此后屋面的角度、厚度及组成对日光温室的保温意义重大。为了使冬至前后中午太阳光能直射后屋面内部，后屋面的仰角应该大于当地冬至太阳高度角7°～8°，这样就可以在 11 月上旬至翌年 2 月上旬中午前后接收到太阳直射光。

日光温室后屋面水平投影长度与温室的保温和采光密不可分。春用型日光温室后屋面的水平投影长度较冬用型日光温室要短。在我国北方不同地区，冬用型日光温室后屋面水平投影长度随着纬度的升高而加长。由于后屋面的传热系数远比前屋面小，所以长后坡的日光温室升温较慢，清晨揭苫前温度稍高。而短后坡的温室，白天升温快，晚间降温也快，揭苫前温度稍低。因此北纬 40°以北地区 6～8 米跨度的日光温室，后屋面水平投影长度以 1.2～1.5 米为宜，北纬40°以南地区6～8 米跨度的日光温室，后屋面水平投影长度以 1.0～1.3 米为宜。

（四）骨架材料粗细与采光

建筑材料断面越大，遮光越多。现有建筑材料中钢管做成骨架，断面最小，遮光最少；木框（杆）次之；水泥预制件最不好。前檩（马杠）和前柱对光照有明显影响，因此要尽量减小其断面面积，或不设前檩和前柱。竹木结构的日光温室，由于骨架材料强度低，因此材料的截面积往往较大，造成较多的遮阴面积。特别是由于必须设置支柱、横梁等建材，因而更加大了遮阴面积，减少了透光。因此，在日光温室设计中，应尽量使用强度大、截面积小的建材，特别是应尽量避免使用像腰檩等较粗大的东西向建材。

（五）塑料薄膜与采光

我国北方地区的日光温室，基本上都是采用塑料薄膜作为采光屋面的透明覆盖材料。选择和使用好的塑料薄膜对日光温室的采光有直接的影响。塑料薄膜的透光率因其所用树脂原料、助剂种类、质量、数量、厚薄及其均匀程度、是否具有无滴性等情况而有很大差别。目前，我国北方地区日光温室使用的塑料薄膜主要有聚乙烯膜和聚氯乙烯膜两种，厚度均为 0.08～0.12 毫米。聚乙烯膜多为无色透明，聚氯乙烯膜则常在制作时加入少量颜料而略呈蓝色。聚氯乙烯膜的优点是远红外线透光率低，保温性能好，低温季节可比聚乙烯膜提高温度 1～2℃。缺点是吸尘性强，透光率下降快（覆盖 2～3 个月后透光率就会由 90％下降到 55％）。另外，密度大，同等重量、同等厚度覆盖的面积要比聚乙烯膜少 24％。聚乙烯膜的优点是吸尘性弱，透光率下降慢，成本低，缺点是远红外线透光率高，不如聚氯乙烯膜保温效果好。

（六）张挂反光幕与采光

日光温室张挂镀铝薄膜反光幕是我国北方冬季日光温室蔬菜生产上一项有效措施，具有投入少、见效快、方法简便、节能、无污染、增产增效显著等优点。反光幕悬挂在温室中柱处东西向的铁丝上，太阳辐射光照到反光幕上以后，可以被反射到蔬菜植株或地面上。靠反光幕南侧越近，增光越多，距反光幕南侧越远，增光越弱。反光幕的增光范围一般为距反光幕南侧 3 米以内，地面增光率为 9.2％～40％，0.6 米高处增光率为 7.8％～43.0％。反光幕在不同季节的增光效果也不同，冬季太阳高度角小，室内光照弱，增光效果高于春季。由于反光幕改善了光照条件，使地面吸收更多的太阳辐射，因而地温也随之升高，一般提高 0.5～3.0℃。

(七) 温室长度和间距与采光

温室的长度和间距在一定程度上也影响采光，温室适当长一些，可减少两端山墙遮光面积的比例，但如果过长，则影响通风。非耕地日光温室的长度以 50～60 米为宜。温室之间的间距是指自南栋温室后墙根至北栋温室采光面底脚的距离。为了防止太阳照射下南排温室形成的阴影给北排温室造成遮光，南北两排温室间距应不小于温室脊高加卷起草苫高的两倍。

综上所述，日光温室的采光设计应着重确定合理的方位，设计好前后两栋温室的距离、采光屋面角度和屋面形状以及前后屋面投影的比例，选用透光良好的无滴膜，同时还应尽量减少骨架的遮光，张挂反光幕，最大限度地改善温室内的光照状况。

第三节　非耕地日光温室保温设计

一、温度条件与日光温室蔬菜生产

温度条件是蔬菜作物生命活动的最基本的要素，也是日光温室蔬菜生产中重要的环境因素。可以形象地说，日光温室蔬菜生产，"有收无收在于热，收多收少在于光"。光不仅直接影响作物的生育与光合作用等生理活动，也通过光热转换而以温度的形式对作物发生影响。

温度条件包括气温和地温。地温直接影响根部的生长与活动，气温则对茎叶等地上部器官影响较大。温度条件还包括两种温度界限：一种是适应温度（生存温度），其范围较宽，它是维持蔬菜作物生存的界限温度；另一种是适宜温度，它是作物正常生育温度，在此温度范围的蔬菜作物细胞的原生质黏度低，生命活动旺盛。对于多数喜温蔬菜来说，最适宜的温度为 26～32℃。蔬菜作物生存的最高温度界限多为 40～45℃，地温界限温度一般为 0～3℃。几种喜温的果菜根、茎、叶生长与温度的关系见表 2-1。

表 2-1　果菜类蔬菜生长与温度的关系

作物种类	茎叶生长温度（℃）			根系生长温度（℃）			根毛发生温度（℃）	
	最低	最适	最高	最低	最适	最高	最低	最高
番茄	8	26～28	38	6	26	38	8	36
茄子	12	30	38	8	28	38	12	38
辣椒	10	25	35	8	30	38	12	36
黄瓜	8	28～32	40	8	30～32	38～40	12	38～40
菜豆	10	25	35	10～12	28	38	12～14	38

　　日光温室的热量来源是阳光，射进温室的光再转化为热，以温度形式影响蔬菜生长发育，因此，在设计日光温室时，必须加强保温结构以尽量减少热损失，保持蔬菜生长发育的适宜温度。而要加强保温，必须首先研究日光温室的热平衡。

二、日光温室的热平衡

　　日光温室的热量来自太阳辐射，白天太阳光能辐射透入日光温室，被地面、墙体、温室的构件、作物以及空气吸收，以"热"的形式进行传递、交换（图2-1）。其中一部分热量传导到底层土壤或墙体和后坡中，到了夜间，随着气温的下降，这些热量就释放出

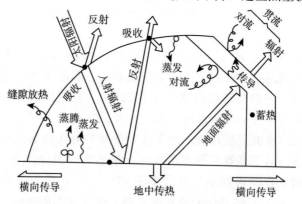

图 2-1　日光温室的热平衡（白天）

来，在一定程度上有减缓气温下降的作用（图 2-2）。因此在设计日光温室时，必须尽最大可能增强保温储热能力，保证温室能维持作物正常生长发育的温度。

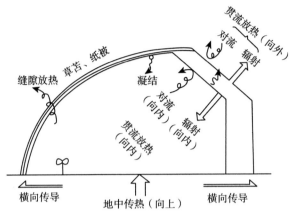

图 2-2　日光温室的热平衡（晚上）

　　白天日光温室地面吸收的太阳辐射超过地面的有效辐射，地面得到的热量较多，温度高于邻近空气层和下层土壤的温度，地面就向空气层及下层传热，土壤得到的热量一部分经横向传导散失到室外，大部分储积起来。

　　如果温室封闭不严，墙体、后坡或前屋面有缝隙，热量就会借空气的对流逸出室外，称为缝隙散热。室内温度比覆盖物的内表面温度高，热量就会以传导方式传递到覆盖物的外表面，当外表面温度高于外界气温，热量就要以辐射和对流方式散失到外界空气中，这就是温室向外界散热的过程。这个过程包括了"辐射＋对流→传导→辐射＋对流" 3 种传热方式在内的系列化传热形式，称为贯流放热，或"透射放热"及"表面放热"。除此之外，温室内还存在着由于土壤水分蒸发、叶片水分蒸腾及水分的凝结等而造成热量交换的现象。

　　日光温室受热和放热之间的关系是遵守能量守恒定律的，得到热量与放出的热量相平衡，关键是放热的速度，决定着温度下降的快慢。

三、日光温室的放热与保温设计原理

(一) 贯流放热

贯流放热就是透过覆盖面（包括温室的前屋面、后屋面、墙体等）的放热过程。当室内温度高于室外温度时，覆盖面的内表面吸收了室内的辐射热和对流热量，就在内表面与外表面之间形成温差，于是热量就以热传导的方式在覆盖材料的分子之间自内向外传递。传递到外表面后又以对流和辐射的方式将热量释放到外界空气之中。贯流放热量的表达式为：

$$Q_t = A_w h_t (t_r - t_0)$$

式中：Q_t——贯流放热量（千焦耳/小时）；

A_w——放热面的表面积（米²）；

h_t——热贯流率〔千焦耳/（米²·小时·℃）〕；

t_r——温室内的气温（℃）；

t_0——温室外的气温（℃）。

由此可知，日光温室贯流放热量的大小和室内外的气温差成正比。室内外温差越大，放热量就越大。

其次，日光温室的贯流放热量还和维护结构及前屋面等覆盖表面积的大小成正比，面积越大，贯流放热量也就越多。

贯流放热量还和维护结构及覆盖材料的热贯流率成正比。材料的热贯流率越大，贯流放热量也越大。因此，日光温室的保温设计最重要的是选择热贯流率小的材料。

(二) 缝隙放热

日光温室内热量通过放风口、覆盖物及设施门窗缝隙等，以传导的方式将热量传至室外，这种放热称为缝隙放热。设施建造和生产管理中，应尽量减少缝隙放热，注意门的朝向，避免将门设置的与季风方向垂直，并加盖缓冲间。墙体及其他设施结构建造时不能留下缝隙。覆盖材料密封性要好，风口设置时两块平面搭接处不应过窄，以最大限度地减少缝隙放热。

（三）地中传热

日光温室中，白天地面得到的太阳辐射热通常总比其有效辐射出去的热量要多，因此，地面会升温。当地面温度高于下层土壤时，就会有热量以热传导的方式传往下层土壤。反之，到了夜间，地面已得不到太阳辐射热而仍在继续向外辐射热量，所以就逐渐降温。当地面温度降到下层土壤温度以下时，下层土壤又以热传导方式将热量传往地面，这就是地中传热。因此，土壤中垂直方向交换的热量并不直接传到室外，真正传送到室外的，是土壤中横向传导的那部分热量。在冬春季节，由于室外冷土温低，室内土温较高，所以，土壤中经常有一部分热量向外散失，而垂直向下储存在土壤中的热量则成为夜间和阴天维持室温的热量来源。

为了增加白天地面向地中的热流量，加大夜间由地中经由地面流向室内空间的热量，采用下挖方式建造日光温室，是非常有必要的。

四、降低放热速度的途径和办法

日光温室获得能量的关键取决于采光的合理设计，而储存能量的关键则取决于保温设计的好坏。在具体设计中要注意以下几个环节：

（一）采用异质复合结构的墙体

日光温室的山墙和后墙最好采用异质复合板，内墙选用块石或砖块等吸热系数大的材料，能增强墙体载热能力，白天吸热，夜间放热。外墙采用空心砖或建造夹心墙等隔热性能好的材料及导热系数小的材料；内外墙用黏土砖砌筑，中间填充珍珠岩或炉渣。内墙用块石砌筑，墙外堆砌沙石保温层。后屋面采用木板、成捆草秸，用草泥封裹，有利于保温蓄热。

（二）覆盖良好的保温材料

前屋面覆盖的薄膜由于白天太阳辐射透过快，热量散失慢，而夜间散热极快，仅仅依靠薄膜保温是远远不够的。因此加强保温覆盖是非常重要的，这是日光温室不加温，在冬季也生产喜温蔬菜的关键措施。一般覆盖 5 厘米厚的保温棉被,极端低温季节棉被上还要加一层棚膜二次覆盖,可增强保温效果。

(三)减少地中横向传导散热

日光温室地中传热过程中热量的散失主要在前底角下的横向传导散热,减少地中横向传导散热的有效措施是在前底角外挖宽 30 厘米、深 40 厘米的防寒沟,填马粪、作物秸秆或 20 厘米厚的泡沫塑料板,减少土壤热量的横向传导损失。

(四)减少缝隙散热

严寒的冬季,日光温室的内外温差很大,很小的缝隙在大温差条件下,也会形成强烈对流热交换,导致大量散热。特别是靠门的一侧,管理人员出入、开闭过程中缝隙放热是不可避免的,应当设置作业间,室内靠门处用薄膜间隔缓冲带,减少缝隙散热。最主要的是墙体、后屋面建造都要无缝隙,前屋面覆盖薄膜,不用穿孔的压膜方法,在不放风时称为密闭状态,后屋面与后墙交接处,前屋面薄膜与后屋面交接处都不宜有缝隙,前屋面薄膜发现破洞要及时粘补,空心砖、黏土砖只可筑墙,墙面应该抹灰,严防缝隙散热。

第四节 非耕地日光温室的主要类型及应用

目前非耕地日光温室结构类型很多,依据其地质、地貌、生态类型等差异分为沙石地、荒漠区、盐碱地等 3 种日光温室结构类型。

一、不同非耕地类型日光温室

(一)沙石地类型日光温室

1. 石砌墙下挖型日光温室

(1)结构参数 方位以坐北向南、偏西 5°～10°为宜;长度以 50～60 米为宜;内跨 8 米,脊高 3.9 米,后屋面仰角 40°～42°,后屋面投影 1.2～1.4 米（图 2-3）。

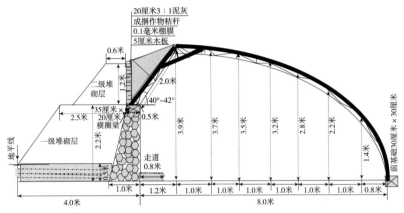

图 2-3　非耕地石砌墙无立柱日光温室结构

（2）**性能特点**　沙石地地质结构有疏有密，大小石块混杂，该类型地带建造日光温室，具有以下特点：一是可就地取材，降低了建造成本。在温室建造过程中，利用挖出的较大块石砌建墙体，结构坚固。利用挖出的沙石堆砌后墙体保温层，并可作混凝土原料，提高了资源利用率，降低了建造成本。二是保温蓄热能力强。由于采用下挖式设计，避开了冻土层，利用深层地热辐射保温，减少了热量流失，同时，在后墙体堆砌沙石保温层达 3 米以上，因此，从多方面提高了保温蓄热能力。三是安全性能高，抵御自然灾害的能力强。坚实的墙体、选材优质设计合理的钢屋架结构，确保了温室良好的结构及设施性能，进一步增强了抵御风沙、寒流、雨雪等自然灾害的能力。但此类地带昼夜温差变化过大，白天升温快，夜间降温也快，因此，要特别突出冬季保温设计这一要素。

2. 砖混墙体结构类型日光温室

（1）**基本参数**　方位以坐北向南、正南偏西 5°～8° 为宜，长度一般以 60 米左右为宜，温室内跨 8.5 米，脊高 4.1 米，后屋面仰角 40°～42°，后屋面投影 1.4 米（图 2-4）。

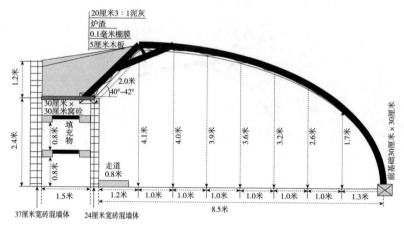

图 2-4 非耕地砖混墙体日光温室结构

（2）性能特点 地质结构较紧实的沙质荒漠区，建造温室时可就地选择粗细合适的沙石，浇筑混凝土墙体，后部堆积原土保温层，主要优点是在温度条件满足的情况下，安全性能更高，使用年限长。缺点是建造成本相对较高。

（二）荒漠区类型日光温室

荒漠是干旱少雨，植被稀少，生态环境最为脆弱的地区，但临近居住区、水电交通等条件较好的荒滩、沙漠化地带，可开发利用，其主要特点是遮阴物少、光照充足，利于连片规划，可就地取材，建造日光温室，进行蔬菜生产。

荒漠区类型日光温室依墙体建造材料又可分为空心砖墙体日光温室和沙袋垒建墙体结构型日光温室。

1. 非耕地空心砖墙体日光温室

（1）主要参数 方位坐北向南、正南偏西 5°～10° 为宜，内跨 8 米，脊高 4.0 米，后屋面仰角 42°，后屋面投影 1.2 米，前后间距 13 米，东西间距随整体规划而定。温室沿地平面下挖 1 米（图 2-5）。

（2）性能特点 该结构日光温室利用空心砖砌墙体，后屋面选

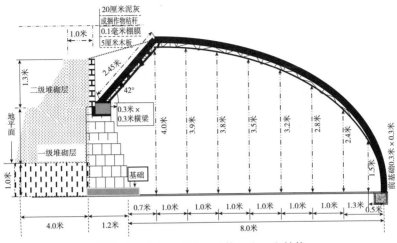

图 2-5 非耕地空心砖墙体日光温室结构

用聚苯板保温，主墙外侧用沙土填充保温。主要优点是就地取材，节约建造成本。缺点是保温能力不足，安全性能不高，使用寿命短。

2. 沙袋垒建墙体结构日光温室

（1）主要参数 方位以坐北向南、正南偏西 5°～8°为宜，长度一般以 60 米左右为宜，内跨 8 米，脊高 3.9 米，后屋面仰角 40°～42°，后屋面投影 1.4 米（图 2-6）。

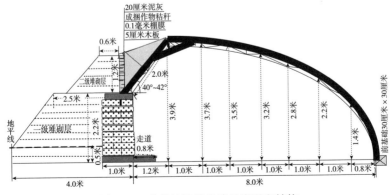

图 2-6 非耕地沙袋垒建日光温室结构

（2）**性能特点** 在荒漠区建造日光温室，尤其是在沙漠化荒漠区，可采用沙袋垒建墙体结构类型，主要优点是实现了资源就地利用的最大化，有效降低了建造成本。缺点是对装沙石的编织袋质量要求较高，墙体的稳定性易受外部压力的影响而发生变化。

（三）盐碱地类型日光温室

盐碱地是盐类集聚的一类区域，土壤中所含盐分会影响到作物的正常生长。我国有9 913万公顷盐碱地，其中西北地区分布较为广泛。碱土和碱化土壤的形成，大部分与土壤中碳酸盐的累积及地下水位较高有关，严重的盐碱土壤地区植物几乎不能生存。利用有机生态型无土栽培技术不受地域限制的优势，在宜开发盐碱非耕地发展日光温室蔬菜生产，具有十分重要的意义。

1. 基本参数 方位以坐北向南、正南偏西5°～8°为宜，长度一般以60米左右为宜，内跨8米，脊高3.9米，后屋面仰角40°～45°，后屋面投影1.2米（图2-7）。

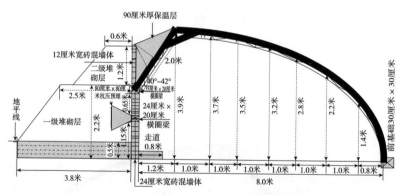

图2-7 盐碱地砖混墙体日光温室结构

2. 性能特点 在盐碱类非耕地建造日光温室，可就地充分利用盐碱土壤夯建墙体，保证墙体厚度，提高保温蓄热能力。但盐碱地一般地下水位较高，冬季温室内湿度大，温度相对其他非耕地日光温室要低。此外，因土壤中盐分含量较高，墙体易遭侵蚀剥落，影响使用年限，需进行经常性的维护。

二、几种特殊结构非耕地日光温室

(一)"双拱双膜"钢屋架结构日光温室

西北地区干旱少雨，昼夜温差大，沙尘暴、雨雪、大风等自然灾害频发，给日光温室的安全性能带来了严峻考验。尤其是冬季持续低温，给非耕地日光温室蔬菜生产带来了不利的影响。为了进一步提高非耕地日光温室安全生产性能，有效克服冬季低温季节夜间保温性差，蔬菜易遭受冻害的难题，设计建造了"双拱双膜"新结构日光温室，通过实践应用，效果显著。经观测对比，冷冬季节棚内夜间最低温度达到 10℃ 以上，完全能满足各类蔬菜生长对温度条件的要求。

1. 结构参数　主墙体高 2.2 米，底宽 1.2 米，堆砌保温层厚度 3.5 米。主屋架脊高 4.2 米，跨度 8.5 米，后屋面坡长 2.45 米，仰角 42°～46°。辅助钢屋架脊高 3.7 米，弧面设计与主屋架保持一致 (图 2-8)。

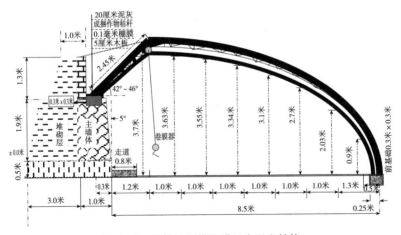

图 2-8　非耕地双拱双膜日光温室结构

2. 性能特点

(1) 结构性能改进　"双拱双膜"日光温室从高度、跨度、拱圆形前屋面设计等方面进行了创新改进，温室空间更大，透光性能更好，生产操作更加方便。

（2）保温性能增强　由于温室后墙堆砌了较厚的沙石保温层，后屋面保温层厚度达到 1 米，底层铺设 3 厘米厚的木板，其上铺一层旧棚膜，第三层增设厚度 10 厘米的泡沫板隔热保温，第四层填充厚度不少于 80 厘米的麦草，第五层用 10 厘米厚的泥土封压，从而有效提高了保温蓄热能力。前屋面采用了"双拱双膜"设计，透明覆盖材料选用乙烯-醋酸乙烯共聚物多功能膜，保温棉帘采用双层高强度不织布加保温棉制成，厚度达到 3 厘米，保温保暖性能更好，加之温室以下挖式结构为主，下挖后避开了冻土层，利用深层地热辐射保温，减少了热量流失，棚内升温快、蓄热能力进一步增强，尤其在深冬寒冷季节，保温效果突出，较传统二代日光温室夜间最低温度平均升高 3～5℃。

（3）安全性能提高　"双拱双膜"日光温室以抗风、抗压、防寒保暖设计为目的，采用高强度的建设材料，且钢屋架为双层结构，增加了前后固定的着力点面积，增强了承压能力，可有效抵御风雪、寒流等突发性自然灾害，进一步提高了实用性和安全性能。

（二）非耕地大跨度日光温室

在主推 8 米跨度日光温室的基础上，为了达到对非耕地利用的最大化，研究探索西北地区非耕地最优越的日光温室设施条件和小气候环境条件，整合各方面优势，充分挖掘非耕地日光温室蔬菜增产潜力，根据不同用途及生产需求，在沙石非耕地设计建造了 9 米、10 米、11 米等不同跨度结构的日光温室。

1. 9 米跨度日光温室

（1）结构参数　主墙体底部厚度 1 米，上部 0.6 米，高度 2.4 米，跨度 9 米，脊高 3.6 米，后屋面仰角 40°～42°，全部采用镀锌钢管材料，钢架间距 1.2 米。

（2）性能特点　较常规日光温室脊高增加 0.3 米、跨度增大 1 米，从而加大了可操作空间，优化了小气候环境，增加了有效栽培面积，方便了机械作业。骨架材料采用镀锌钢管，延长了使用寿命，无竹竿、铅丝遮阴，增加了光照，墙体内部全部用水泥勾缝，增强了保温能力。

（3）结构图（图 2-9）

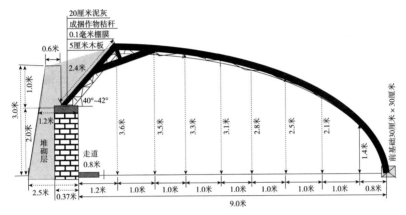

图 2-9　非耕地 9 米跨度日光温室结构

2. 10 米跨度日光温室

（1）**结构参数**　主墙体底部厚度 1.5 米，上部 0.6 米，高度 2.8 米，跨度 10 米，脊高 4.55 米，后屋面仰角 42°，全部采用镀锌钢管材料，钢架间距 1.2 米。

（2）**性能特点**　较常规日光温室脊高增加 0.55 米，跨度增加 2 米，进一步加大了可操作空间，扩大了有效栽培面积，机械作业更加方便，也更有利于进行科技组装配套，实现智能化及自动化控制。但比常规日光温室应更注重保温设计。

（3）结构图（图 2-10）

（三）非耕地主动采光日光温室

（1）**结构参数**　主墙体底部厚度 1.1 米，上部 1.1 米，高度 2.9 米，跨度 10 米，脊高 4.7 米，后屋面仰角 45°，全部采用镀锌钢管材料，钢架间距 1.2 米。

（2）**性能特点**　较常规日光温室相比，本温室的前屋面为可变

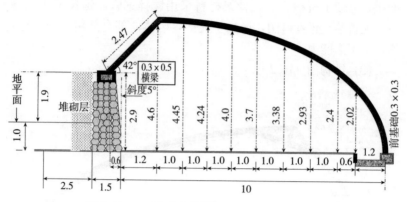

图 2-10　10 米跨度非耕地日光温室结构（米）

采光倾角，实现了采光量的最大化，为进行高科技组装配套，实现智能控制创造了条件。但随着采光量的增加，温室的产量也有了15%～17%的增加。

通过试验，该结构可以根据冬季每日的逐日最佳采光倾角的要求，对日光温室的采光面进行调整，从而获得冬季最大的太阳直射辐射截获率。试验测定结果表明，可变采光倾角温室内的光照度较固定采光倾角温室有较大幅度的增加。8：00～16：00 平均提高20%以上，最大时可达 52%。综合不同天气状况，可变采光倾角温室较固定采光倾角温室室内光照度平均提高 25.6%。在温度性能方面，可变采光倾角温室内的温度较固定采光倾角温室有较明显的提高，表现为整体温度水平提高，最小提高 2.0℃，最大为10.2℃，平均提高 3.5℃。

（3）结构图（图 2-11）

（四）非耕地主动蓄热日光温室

1. 技术要点　目前，常规的日光温室都采用固定的采光屋面和被动蓄热后墙，导致温室的蓄热量不足，后墙越砌越厚，造价逐步攀升，但同时温室的蓄热性能却没有多少提高。通过日光温室的后墙传热分析，日光温室后墙应该具备足够的蓄热能力，只有其具

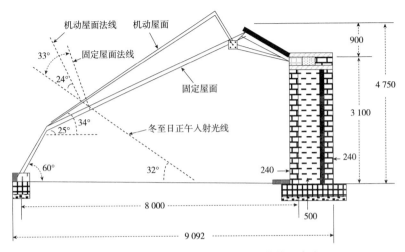

图2-11 非耕地主动采光日光温室结构（毫米）

备了足够的蓄热能力，才能有效地调节日光温室内的温度，才能发挥后墙在高温时的吸热和低温时的放热功能。

该日光温室采用了可以大量蓄热的后墙结构，包括后墙的进风口、后墙内的空心砌块的风道，以及后墙中的回填土壤或者沙子、后墙出风口的小型轴流风扇。当日光温室室内温度升高时，开动轴流风扇进行通风，该风扇会在日光温室后墙内的空心砌块风道内产生负压，该负压驱动日光温室内的湿热空气流经日光温室后墙内部，进而和后墙的回填土壤进行热量和水分的交换，从而达到将热量和水分蓄积在后墙的空心砌块和回填土或者沙中。当日光温室温度降低时，开动轴流风扇进行通风，该风扇会在日光温室后墙内的空心砌块风道内产生负压，该负压驱动日光温室内的空气流经日光温室后墙内部，进而和后墙的回填土壤进行热量和水分的交换，由于此时室内温度低于后墙的温度，因此热量会从后墙中释放出来，进入日光温室内部，进而提高了日光温室内的温度。而且，由于空气中的水分被吸收到后墙的回填土或沙中，从出风口吹出的风会有较低的湿度，进而也可以同时降低日光温室内的湿度，给植物创造更好的生长环境。采用本轻简化技术的日光温室，结构合理，与现有日光温室相比不增加成本，而可以大大提高温室的蓄热和保温水平（图 2 - 12 至图 2 - 14）。

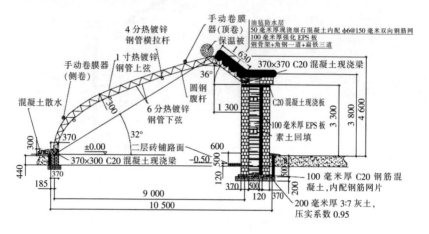

图 2 - 12　非耕地主动蓄热日光温室结构（毫米）

1. 为提高结构整体稳定性，前屋角和后屋架底部全部采用混凝土现浇通梁。

2. 1 寸管壁厚 3.2 毫米、6 分管壁厚 2.8 毫米，腹筋直径不小于 12 毫米，钢骨架焊接好后，刷涂防锈漆和银粉漆防锈。

3. 后墙长度方向上每 6 米做一道内外通砌 24 墙，作为内外墙的刚性连接，连接墙体高度方向上每 500 毫米，设计钢筋砖，配筋不小于 φ6 毫米；具体施工方法各施工单位按照企业标准执行，或咨询陕西省工程技术研究中心。

4. 后墙混凝土现浇板内配 φ6@200 毫米抗裂钢筋网。

5. 防寒沟 EPS 板厚度 100 毫米，密度 8～10 千克/米³。

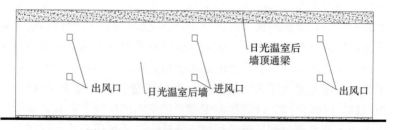

图 2 - 13　主动蓄热日光温室后墙立面示意

混凝土现浇梁

C20钢筋混凝土现浇板

后墙外维护墙

100毫米厚EPS板

回填素土或沙子

后墙内维护墙

空心砌块组成的后墙内通风风道

图 2-14　主动蓄热日光温室后墙剖面示意

2. 适宜地区　考虑采光条件因素，适宜我国日照百分率 60%以上的地区。从气候学方面来说，适宜夏热冬冷地区、寒冷地区和部分小气候条件较好的严寒地区。

第五节　非耕地日光温室的建造与施工

非耕地日光温室的建造，主要包括墙体部分与钢屋架部分。对墙体的要求是要坚固耐用，保温性好、安全系数高，并充分考虑就地取材，提高资源利用率，进一步降低建造成本。除特殊结构日光温室外，主推结构日光温室钢屋架设计采用统一标准，各项设计要符合采光合理、保温性及安全性能优良等条件。设计建造要求是：采用高质量国标钢管及钢材，钢管壁厚 3 毫米，后屋面钢管内径 60 毫米，前弧面钢管内径 50 毫米。分别以直径 12 毫米、直径 10毫米的钢筋焊接下弦及支筋，脊高处用 50 毫米×50 毫米×5 毫米角铁水平焊接，成为一个整体。

在具体建造施工过程中，针对不同非耕地日光温室，又有各自不同的建造及施工标准。

一、沙石地日光温室建造与施工

(一) 石砌墙下挖式日光温室

1. 基础工作

(1) 场地选择 选择向阳避风，地势平坦，交通便利，不受洪涝影响，便于施工，易于配套水电等基础设施，地下水位低，不破坏当地生态环境的戈壁、沙石地带。

(2) 场地平整 施工前对场地进行平整，确定地面零水平线。

(3) 场地开挖 一般开挖的宽度为温室设计跨度的 1.3～1.5倍，深度以 0.5 米为宜，确定种植面，整平，夯实墙体基础。

2. 墙体修建

(1) 主墙 底部宽度 1.2～1.4 米，顶部宽度 0.6～0.8 米，主墙高度 2.2 米（含高 0.3 米×宽 0.5 米的圈梁一道）。

确定主墙位置后，用机械将墙基础压实，再开始起砌墙体，底部尽量用大一点的石块，每砌一层，都要用砂浆灌实缝隙，用石块砌墙体 2 米高时，沿东西方向打一道圈梁，高度为 30 厘米。

(2) 山墙 底部宽度 2 米，顶部宽度 1.2 米，长度 8 米，按照温室图纸设计的钢架弧度建造。温室前屋面铅丝固定后，靠山墙外边留宽 50 厘米、高 30 厘米、长 30 厘米的踏步台。山墙顶抹 5 厘米厚混凝土封顶，并在距山墙内侧 30 厘米处埋设压膜槽，高度与钢屋架弧面保持一致。

(3) 山墙预埋件 分别在距主墙内侧 80 厘米、高 2 米处，距主墙内侧 2.2 米、高 2 米处，距主墙内侧 3.6 米、高 2 米处，距主墙内侧 5 米、高 1.8 米处，距主墙内侧 6.4 米、高 1.6 米处的两侧山墙上对应位置预埋 5 个钢环。

在山墙外侧距离地平面 50 厘米处，等距离埋 5 个钢环，用于固定前后屋面铅丝。

(4) 主墙体圈梁预埋件 主墙体打造圈梁时，在固定钢架的地方埋压两根直径 12 毫米的钢筋，用于连接固定钢架。

（5）女儿墙　建于主墙圈梁上，用红砖沿主墙外沿砌宽 24 厘米、高 1.2 米的女儿墙，墙顶用砂浆封顶。每间隔 2.5 米衬砌 0.5 米高的砖柱。

（6）主墙堆砌层　温室主墙用石沙堆砌作保温层，底层宽度不小于 3.5 米，高度不小于 3 米，上顶宽度不小于 0.6 米，要求堆至女儿墙顶端，达到平整。

（7）人行道　人行道宽 0.6 米、厚 0.3 米，并要求表面平滑。

（8）前底脚圈梁　前屋面底角用混凝土浇筑 30 厘米×30 厘米圈梁，上面内沿与主墙钢屋架预制件垂直对应处埋设 2 根直径 12 毫米的带钩钢筋，长 15 厘米，外留 5 厘米，距中心 30 厘米均匀分布，用于焊接钢屋架；钢屋架中间上外沿埋设 1 根直径 6 毫米的带钩钢筋，长 15 厘米，外留 5 厘米，水平放置，用于固定压膜线。前圈梁前堆 50 厘米宽沙层，和圈梁顶端保持平行，并做到平整。

3. 钢屋架　严格按照图纸设计要求焊接。

前后屋面主钢架上弦全部采用直径 5 厘米的国标钢管，壁厚不小于 3 毫米，用直径 10 毫米钢筋焊接下弦，直径 8 毫米钢筋焊接拉筋，拉筋之间的距离为 20 厘米。分别距钢架脊尖 1 米和 1.3 米处焊接直径 5 厘米、长度 1.5 米的国标钢管，固定前后屋面钢架。后屋面钢架长度 2 米，前屋面钢架弧长 8.3 米。

4. 温室搭建

（1）安装钢屋架　主钢架两端以 2.5 米间距分别固定在预埋件上，安装好后对部分钢架进行矫正。

（2）辅助钢架　每两个主钢架中间增设 2 根辅助钢架，采用直径 5 厘米的国标钢管，间距 1 米，不焊接下弦。

（3）焊接脊顶角铁　采用规格为 50 毫米×50 毫米×5 毫米角铁，沿东西方向焊接。

（4）后屋面拉铅丝　在温室后屋面钢架上，或沿东西方向用 8 号铅丝每隔 20 厘米拉一道。

（5）前屋面铅丝　前屋面每 30 厘米拉一道 8 号铅丝，两头固定到山墙外的钢筋预埋件上。

(6) 冷拔丝固定　前、后屋面的钢管与冷拔丝交叉处用 12 号铁丝固定。

(7) 后屋面保温层　保温层前沿厚度不小于 20 厘米，后沿厚度不小于 0.6 米。一般先在底部铺 5 厘米竹帘或竹胶板或土工布，再填成捆作物秸秆压实，厚度不小于 60 厘米，外覆 20 厘米厚的泥灰土封顶。

(8) 撑竿　在每个钢架前屋面部分，用宽度 6 厘米的竹皮绑定，防止高温烫膜和棚内雾滴聚集。在钢屋架之间，均匀分布 4 道撑膜竹竿，竹竿与冷拔丝交叉处用布条或铅丝固定，竹竿两头分别固定在前圈梁预埋件和脊顶角铁上。

5. 配套设施

(1) 蓄水池　温室内部修建蓄水池，基础下挖 1.4 米，池深 1.5 米，宽 1.2 米，长 5.5 米（中间用 24 墙隔开）。距离山墙 0.5 米，水池壁厚 0.25 米，并保证蓄水池不渗水。在蓄水池处开挖深度 1.6 米输水管沟并预埋 PVC 管材，管材周围用土或沙回填厚度不小于 0.2 米。

(2) 基质槽　基质槽长 7.5 米，内径宽 60 厘米，深 30 厘米，走道宽 80 厘米，要求基质槽平整，规范，走道内平整。栽培槽底部铺棚膜和沙层隔离，棚膜上部铺 3～5 厘米厚卵石，卵石上部铺编织袋。栽培槽两边用块石码放整齐。

(3) 保温棉帘与棚膜　所有建设的温室全部用长 9.5 米、宽 2 米、厚 0.1 米的防水保温棉帘，并在每条棉帘下面铺设 2 根直径不小于 1 厘米的拉绳，温室采用透光性好、防雾滴的高保温 EVA 醋酸乙烯膜。

(4) 通风口　留在前屋面顶部，宽度以 1.5 米为宜，可用压膜槽固定，也可用铅丝固定。

(5) 管理房　建设长 4 米、宽 3 米、主墙高 2.2 米、脊高 4.0 米的管理房 1 处，砖木结构，要求门向南开，并配套好钢门窗及玻璃，墙体统一刷白，屋顶用红色涂料进行粉饰，缓冲间内及门口要铺筑红砖，并组装配套节水滴灌等新技术新设备，屋顶采用复合彩钢板覆盖。

（二）砖混墙体结构日光温室建造与施工

1. 场地选择及开挖

（1）场地选择 选择向阳避风，地势平坦，交通便利，不受洪涝影响，便于施工，易于配套水电等基础设施，地下水位低，不破坏当地生态环境的地带。

（2）场地平整 施工前对场地进行平整，确定地面零水平线。

（3）场地开挖 一般开挖的宽度为温室设计跨度的 1.3～1.5 倍，深度以 0.5 米为宜，确定种植面，整平，并将墙体基础灌水夯实。

2. 建棚材料

（1）塑料棚膜 采用聚氯乙烯（PVC）无滴膜或醋酸乙烯（EVA）高效保温无滴防尘日光温室专用膜，厚度不小于 0.12 毫米。

（2）覆盖材料 选用高质量保温棉被。

（3）二层覆盖物 在棉被上面缝制一层旧棚膜或彩条布，以增加保温效果和防止棉被被雨雪水浸湿。

3. 施工技术

（1）主墙体 地平面下挖 0.5 米，夯实墙基，用 200 号的混凝土浇灌宽 1 米、高 20 厘米的基础。基础以上用标准红砖砌建宽度 37 厘米的主墙体，后墙体高度 2.2 米。山墙修建两层 37 厘米的夹心墙，宽度 1.5 米，高度 3.9 米。两层墙格状连接，填装沙土。

（2）后墙 为宽 240 毫米的砖混结构，主墙体高 2.2 米，分上、中、下三层，内置三道混凝土横梁。混凝土基础（第一道横梁）宽 0.4 米、高 0.5 米，用石头或沙石预制；沿基础中线北边砌宽 240 毫米砖墙至 1.15 米高后，预制第二道混凝土横梁，在第二道横梁上砌宽 240 毫米砖墙至 0.65 米高后预制第三道混凝土横梁。墙体随砌随粉刷，预制第二道横梁时在两个后墙构造柱中间同时预制后墙坠石。

(3) 山墙 为宽240毫米的砖混夹心墙结构。山墙基础与后墙基础保持同一水平。山墙混凝土基础宽1.5米，长8米，高0.5米。山墙底宽1.5米，沿混凝土基础两侧外边砌宽240毫米砖墙，顶宽1.2米，两墙中间每间隔2米砌宽120毫米砖墙相连或用混凝土浇筑。两山墙距后墙内侧1.2米处浇筑0.5米×0.3米，高3.9米构造柱（内置直径12毫米钢筋4根，每米用直径6毫米钢筋做箍筋4个）2个，构造柱之间于横梁处用混凝土横梁相连。山墙中间夹心层待墙体保养期结束后用沙石或炉渣填实。

(4) 山墙预埋件 分别在距后墙内侧0.8米、高2.2米处，距后墙内侧3.2米、高1.8米处，距后墙内侧5.6米、高1.4米处的两侧山墙上对应位置预埋3个钢环。

温室前屋面铅丝固定后，在距山墙内沿0.3米处预制与钢屋架弧面长度一致的压膜槽，靠山墙外边留宽0.5米、高0.3米、长0.3米的踏步台。山墙顶抹5厘米厚混凝土封顶，高度与钢屋架弧面保持一致。

(5) 后墙抗压预埋件 预埋件与第二道横梁同时浇筑，前宽0.3米，后宽0.6米，厚0.3米，长0.8米，内置直径12毫米钢筋横竖各两根，与第二道横梁内侧钢筋相连，北端低于南端0.1米。

(6) 后墙砖柱 后墙每隔2.5米建造50厘米×50厘米的砖柱1个或用混凝土浇筑（构造柱浇筑至2.0米时安装钢屋架，然后浇筑至2.2米），构造柱前沿与后墙前沿保持同一水平，内置直径12毫米钢筋4根，每米用直径6毫米钢筋做箍筋4个。构造柱数量随温室长度而定。

(7) 混凝土横梁 后墙横梁与山墙横梁保持同一水平，同时浇筑。横梁内置直径12毫米钢筋4根，每米用直径6毫米钢筋做箍筋3个，横梁高0.2米，宽0.24米。

立柱、横梁、墙体连接无误差，混凝土基础、横梁、构造柱、坠石的养护，严格按建筑施工技术要求进行。

（8）**女儿墙**　建于后墙第三道横梁上，用砖沿后墙外沿砌宽120毫米、高1.2米的女儿墙，每隔1.8米砌一个240毫米×240毫米砖立柱，墙顶用砂浆封顶。

（9）**墙体粉刷**　后墙、山墙及女儿墙两侧用砂浆粉刷，砂浆厚1厘米。

（10）**后墙堆砌层**　一般就地取材，用挖出的土石做堆砌层。分三部分施工，第一部分为后墙坠石以下，随墙体建设同步施工，待墙体粉刷后分层堆放，每层0.2～0.3米，加水夯实后再堆积上一层；第二部分为后墙坠石以上（至第三道横梁），宽2.5米，为一级堆砌层，待墙体全部粉刷完毕保养期结束后，钢架安装好后，分2～3次堆积完成；第三部分为女儿墙部分，保持顶宽0.6～1.5米，以人工作业堆积完成为主。

（11）**前底脚圈梁**　前屋面底脚用混凝土浇筑30厘米×30厘米圈梁，上面内沿与后墙钢屋架预制件垂直对应处埋设3根直径12毫米的带钩钢筋，长15厘米，外留5厘米，距中心3厘米均匀分布，用于焊接钢屋架；钢屋架间均匀分布4根直径6毫米钢筋，长15厘米，外留5厘米，用于固定撑竿；钢屋架中间上外沿埋设1根直径6毫米的带钩钢筋，长15厘米，外留5厘米，水平放置，用于固定压膜线。

（12）**拉丝坠石**　距山墙外0.5米，挖深1米的沟，预制长6米、宽0.4米、高0.4米的坠石，留7个露出地面的钢筋预埋件，用于固定屋面铅丝。

（13）**制作钢屋架**　严格按照图纸设计要求焊接。

安装钢屋架：钢屋架两端以2.5米间距分别焊接在构造柱和前屋脚预埋件上。

（14）**焊接脊顶角铁**　距前屋面脊顶5厘米处焊接，角铁一个面与前屋面平行。

（15）**拉铅丝**　山墙外沿铺垫木棒，前屋面每30厘米拉一道冷拔8号铅丝，后屋面每20厘米拉一道，两头固定到山墙外的钢筋预埋件上。

（16）辅助钢架　每两个主钢架中间增设 2 根辅助钢架，采用直径 6 厘米的国标厚壁钢管，间距 80 厘米，不焊接下弦，长度2 米。

（17）铅丝固定　前、后屋面的钢管与铅丝交叉处用 12 号铁丝固定。

（18）后屋面保温层　保温层前沿厚度不小于 0.2 米，后沿厚度不小于 1.2 米。保温层一般先在底部铺 5 厘米厚芦苇或竹帘，上铺一层旧膜，内填作物秸秆，压实，再用废旧膜包住。外覆 20 厘米厚 3∶1 的泥灰土封顶。

（19）撑竿　在钢屋架之间，均匀分布 4 道撑膜竹竿，竹竿与冷拔丝交叉处用塑料绳固定，竹竿两头分别固定在前圈梁预埋件和脊顶角铁上。

（20）蓄水池　建于靠近水源山墙内侧，做成半地下式，长5.5 米，宽 1.5 米，深 1.5 米左右，外露地面 50 厘米，池底厚 0.3米，中间加隔墙，粉刷要细致，防止渗漏。

（21）保温帘　长 9 米，宽 2 米，厚 4～5 厘米。

（22）通风口　留在前屋面顶部，宽度以 1.5 米为宜。

（23）覆膜　用优质棚膜，采用双幅上膜法，大幅膜宽 9 米，上边固定于通风口前沿铅丝上，东西两边用压膜卡簧固定于压膜槽内，下边固定于前屋面底脚，并用压膜线加固；前边与大幅膜上边重叠 0.3 米，后边固定在后屋面上。

（24）缓冲间　建于山墙一侧，门向南开，长 4 米，宽 3 米，高 2.2 米。缓冲间门高 2 米，宽 0.9 米。建 1 米×1 米的钢窗 1 个。缓冲间顶层要求建造结构新颖的屋脊。

二、荒漠区日光温室建造与施工

（一）非耕地空心砖墙体日光温室

1. 墙体修建

（1）主墙　墙根浇筑厚 20 厘米、宽 1.5 米的墙基，后墙砌 8

层空心砖，灰缝 1 厘米，2 道圈梁，总高 2.2 米（不包括墙基浇筑厚度）。

确定后墙位置后，用机械将墙基础压实，再开始起砌墙体。空心砖沿东西走向砌建 1 排，每砌一层，都要用砂浆灌实缝隙，每 3 米建 1 个墙柱，底宽 1.2 米，砌至 1 米高和 1.9 米高处沿东西方向各打一道圈梁，中间圈梁规格 30 厘米×50 厘米，上层圈梁规格 30 厘米×50 厘米，内置直径 10 毫米钢筋 2 根。温室过道 60 厘米宽，20 厘米厚。

（2）女儿墙　用红砖砌建，女儿墙高 1.2 米，宽 24 厘米。

（3）山墙　底部宽度 2 米，顶部宽度 1.2 米，长度 8 米，脊高 3.9 米。按照温室后墙圈梁高度，山墙上也要打建圈梁，并且脊高中间再打一层圈梁。温室前屋面铅丝固定后，在距山墙内沿 30 厘米处预制与钢屋架弧面长度一致的压膜槽。山墙顶抹 5 厘米厚混凝土封顶，高度与钢屋架弧面保持一致，山墙内侧脊高处用角铁焊接三脚架与横梁角铁连为一体。

（4）山墙预埋件　分别在距后墙内侧 80 厘米、高 2 米处，距后墙内侧 2.2 米、高 2 米处，距后墙内侧 3.6 米、高 2 米处，距后墙内侧 5 米、高 1.8 米处，距后墙内侧 6.4 米、高 1.6 米处的两侧山墙上对应位置预埋 5 个钢环，用于固定东西向吊秧铁丝。

（5）主墙预埋件　在主墙打造圈梁时，在圈梁中间每隔 1.5 米埋压两根直径 12 毫米钢筋，与圈梁内侧钢筋相连。

（6）后墙堆砌层　一般用沙石等就地取材解决。分两部分施工，第一部分为主墙体圈梁以下，随墙体建设同步施工，底部宽度 3.5 米，顶部宽度 2.0 米，为一级堆砌层，分 2～3 次堆积完成。安装好钢架，并填充后屋面保温层后，用小型机械或人工作业堆积完成，保持顶宽 1.2 米。

（7）前底脚圈梁　前屋面底脚用混凝土浇筑 30 厘米×30 厘米圈梁，上面内沿与后墙钢屋架预制件垂直对应处埋设 2 根直径 12 毫米的带钩钢筋预埋件，长 15 厘米，外留 5 厘米，距中心 30 厘米均匀分布，用于焊接钢屋架；钢屋架中间上外沿埋设 1 根直径 6 毫米的带钩钢筋，长 15 厘米，外留 5 厘米，水平放置，用于固定压膜线。

(8) 拉丝坠石　距山墙外 0.5 米，挖深 1 米的沟，用混凝土浇筑长 6 米、宽 0.4 米、高 0.4 米的坠石，留 7 个露出地面的钢筋预埋件，用于固定屋面冷拔丝。

2. 钢屋架　严格按照图纸设计要求焊接。

前、后屋面主钢架上弦全部采用直径 5 厘米的国标钢管，壁厚不小于 3 毫米，用直径 10 毫米钢筋焊接下弦，直径 8 毫米钢筋焊接拉筋，拉筋之间的距离为 20 厘米。分别距钢架脊尖 1 米和 1.3 米处焊接直径 5 厘米、长度 1.5 米的国标钢管，固定前、后屋面钢架。后屋面钢架长度 2.45 米，前屋面钢架弧长 8.3 米。

3. 温室搭建

(1) 安装钢屋架　主钢架两端以 1.5 米间距分别焊接在构造柱和前屋脚预埋件上，安装好后对部分钢架进行矫正。

(2) 辅助竹皮　每两个主钢架中间增设 2 根辅助竹皮，钢架上绑竹皮一根，竹皮上必须用布料缠绑，另外钢脚线和钢架用 18 号铁丝固定。

(3) 焊接脊顶角铁　采用规格为 50 毫米×50 毫米×5 毫米角铁，沿东西方向焊接。

(4) 前屋面铅丝　山墙外沿铺垫木棒，前屋面每隔 30 厘米拉一道 8 号铅丝，两头固定到山墙外的钢筋预埋件上。

(5) 后屋面保温层　保温层前沿厚度不小于 20 厘米，后沿厚度不小于 1 米。一般先在底部铺 5 厘米厚竹帘或土工布，再填成捆作物秸秆，压实，厚度不小于 1 米，外覆 20 厘米厚 3∶1 的泥灰土封顶。

4. 配套设施

(1) 保温帘　长 10.5 米，宽 2 米，厚 4 厘米，重量达 60 千克以上。上端和后屋面重叠，并用 8 号铅丝固定，下端固定在卷帘机钢管上，每个保温帘用 2 根拉绳。

(2) 通风口　留在前屋面顶部，宽度以 1.5 米为宜，可用压膜槽固定，也可用铅丝固定。

（3）棚膜　用厚度 14 丝米的优质棚膜，采用双幅上膜法，大幅膜宽 8 米，上边用压膜卡簧固定于通风口前沿压膜槽上，东西两边用压膜卡簧固定于压膜槽内，下边固定于前屋面底脚，并用压膜线加固；风口膜前边与大幅膜上边重叠 30 厘米，后边固定在后屋面上。

（4）缓冲间　建于山墙一侧，门向南开，长 4 米，宽 3 米，高 2.2 米。缓冲间门高 2 米，宽 90 厘米。建 1 米×1 米的钢窗 1 个。缓冲间红砖衬砌，内外用砂灰压光涂白，屋脊用复合彩钢板搭建。

（5）蓄水池　温室内部修建蓄水池，基础下挖 1.4 米，池深 1.5 米，宽 1.2 米，长 5.5 米（中间用 24 墙隔开）。距离山墙 0.5 米，水池壁厚 0.25 米，并保证蓄水池不渗水。

（6）基质槽　基质槽长 7.5 米，内径宽 60 厘米，深 30 厘米，走道宽 80 厘米，要求基质槽平整，规范，走道内平整。栽培槽底部铺棚膜和沙层隔离，棚膜上部铺 3～5 厘米瓜子石，上部铺编织袋。

（二）沙袋垒建墙体结构日光温室建造与施工

沙袋垒建墙体结构日光温室建造技术局限较大，一方面，对沙袋的质量要求较高，受沙袋结实及使用年限的影响较大，沙袋受损后需及时维修墙体，同时也会给温室安全带来隐患；另一方面，每个沙袋都是一个单独的个体，在沙袋垒建过程中，不可能形成一个严密的整体，也会影响温室的安全性。因此，在没有严格的安全建造技术要求的前提下，不提倡在非耕地区域大面积发展沙袋垒建墙体结构日光温室。

1. 基础工作（以沙漠地质为主）

（1）场地选择　选择向阳避风，不受洪涝影响，便于施工，易于配套水电等基础设施，地下水位低，不破坏当地生态环境的荒漠地区。

（2）场地平整　施工前要对场地进行平整，用水准仪超平，确定地面零水平线。

(3) 开挖基础 一般开挖的宽度为温室设计跨度的 1.3～1.5 倍，深度 0.5 米左右，将沙向北推至棚后。沿温室后墙挖宽 1 米、深 0.5 米的条形基槽，灌水夯实。在此基础上，每间隔 3.5 米下挖 0.3 米，形成后底脚预制件穴槽。

(4) 后底脚预制件及工作台 用混凝土浇筑 50 厘米×50 厘米、高 30 厘米的预制件，预制件中间放置直径 12 毫米十字钢筋，在东西向钢筋上距中心 3 厘米处竖直焊接两根长 25 厘米的钢筋，外留 5 厘米用于焊接固定立柱（钢筋预制件东西同线）。再沿预制件北边向南用混凝土浇筑宽 80 厘米、高 20 厘米的后底脚基础及工作台。

(5) 前底脚预制件 垂直对应后底脚预制件，在前屋面底脚预制下底 50 厘米×50 厘米、上顶 30 厘米×30 厘米、高 50 厘米的预制件，上顶埋设 3 根直径 12 毫米的带钩钢筋，长 15 厘米，外留 5 厘米，距中心 3 厘米均匀分布，用于焊接钢屋架；上外沿埋设 1 根直径 6 毫米的带钩钢筋，长 15 厘米，外留 5 厘米，用于固定压膜线，前底脚预制件必须水平面调平和前后调平。

2. 制作钢屋架

(1) 钢管焊接 前屋面钢管长 9 米（弧长 4.5 米），立柱钢管长 2.5 米，后屋面钢管长 2.0 米。立柱与后屋面钢管以 131°焊接，距焊点 0.85 米处斜焊一根长 1.5 米的角铁；前屋面钢管与后屋面钢管以 126°（直线夹角）焊接；先在角铁上焊接点处水平焊接一根直径 12 毫米的钢筋（长 3.5 米），然后用长 1 米直径 12 毫米的钢筋弯成 U 形，开口向南水平焊于立柱 2.0 米高处，过角铁后并拢焊拉一根直径 12 毫米的钢筋（长约 7 米），构成钢屋架。制作钢屋架时先将前屋面 3 米与后屋面 2 米的钢管以 126°焊接，对边长度达到 4.48 米时，焊接角度则为 126°；立柱 2.5 米与后屋面 2 米的钢管以 131°焊接，对边长度达到 4.1 米时，角度则为 131°；弯曲前屋面 4.5 米的弧（用槽铁做成半径为 3.5～3.7 米、弧长 4.5 米的模具，下端固定弯曲），前屋面直线部分与 3 米吻合焊接，两边靠山墙的钢屋架内侧焊接冷拔丝固定环，前屋面每 50 厘米一个，共 18 个，后屋面每 15 厘米一个，共 12 个，外拉 7～9 根拉线固定在坠石上。

（2）安装钢屋架　钢屋架两端以 3.5 米间距分别焊接在前、后预埋件上。

（3）焊接脊顶角铁　距前屋面脊顶 5 厘米处焊接，角铁一个面与前屋面平行。

3. 沙袋码墙

（1）建门　在靠路一端建高 1.5 米、宽 0.8 米的门。

（2）装袋　以湿沙装袋，编织袋装好后的规格为 70 厘米×40 厘米×15 厘米，用缝包机封口。先装棚址内的沙，取沙深度 0.5 米，墙体码好后整平棚内形成种植面，种植面低于工作台 20 厘米。

（3）码墙　山墙底宽 2 米，后墙底宽 0.7 米，码一层，用湿沙填平缝隙，墙体外堆积的湿沙随墙体建设同步升高，摊平压实，错茬码下一层，每码 2～3 层适当夹一些长 1.5 米以上的树枝（大头向内与墙面持平）以增强墙体拉力和固定草泥。后墙高 3.6 米；山墙顶高低于钢屋架 20 厘米，用混凝土封顶，高度与钢屋架保持一致。

（4）立柱拉线　在立柱北侧 1 米、1.8 米高度处各焊一根长 5 厘米及 15 厘米且直径 6 毫米的钢筋，下面焊接一根同样标准的钢筋，构成钢筋小三角形支架。在支架内各拉 1 根冷拔丝，固定到山墙外；在钢屋架间冷拔丝上制作后墙拉线，用坠石拉压至 2 米以外。

（5）墙体封泥　墙体码好后，用草泥封墙，第一遍用草泥先填平袋缝，第二遍整体抹平。

（6）墙体保护　在温室使用过程中，如发现墙皮有脱落应及时补封，保证墙体的完整性，以延长使用寿命。

4. 前屋面建造

（1）拉丝坠石　距山墙外 0.5 米，挖深 1 米的沟，用混凝土浇筑长 6 米、宽 0.4 米、高 0.4 米的坠石，留 7 个露出地面的钢筋预埋件，用于固定屋面冷拔丝。

（2）拉冷拔丝　山墙外沿铺垫木棒，先将山墙内侧钢屋架固定到山墙外的钢筋预埋件上，前屋面每 50 厘米拉一道，共 18 道；后屋面每 15 厘米拉一道，共 12 道，均固定在两端钢屋架上。

（3）冷拔丝固定　前、后屋面的钢管、椽子与冷拔丝交叉处用 12 号铁丝固定。

（4）撑竿　在钢屋架之间，均匀分布 5 道撑膜竹竿，竹竿与冷拔丝交叉处用塑料绳固定，竹竿两头分别固定在冷拔丝和脊顶角铁上。

5. 后屋面建造

（1）后屋面张力杆　后墙码至 2.7 米高时，在钢屋架之间加小头 10 厘米、长 2.7 米的椽子 1～2 根，椽子放在冷拔丝之上。

（2）后屋面保温层　后屋面前沿厚度不小于 20 厘米，后沿厚度不小于 1.4 米。保温层一般先在底部铺一层芦苇或竹帘，上铺一层旧棚膜，内填作物秸秆用废旧膜包住，外覆 5 厘米湿土踏实，最好用草泥封顶。

6. 配套设施

（1）蓄水池　建于靠近水源山墙内侧，长 6 米，宽 1.5 米，深 1.5 米左右，池底厚 0.3 米，中间加隔墙。粉刷要细致，防止渗漏。

（2）草帘　长 10 米，宽 1.3 米，厚 4～5 厘米。

（3）通风口　留在前屋面脊顶部，宽度以 50～70 厘米为宜。

（4）覆膜　使用 0.12 毫米厚的 EVA 棚膜，采用双幅上膜法，大幅膜宽 9 米，上边固定于通风口前沿冷拔丝上，东西两边固定于两侧山墙外沿，下边固定于前屋面底脚，并用压膜线加固；小幅膜宽 1.5 米，前边与大幅膜上边重叠 0.3 米，后边固定在后屋面上。

（5）缓冲房　建于田间道一侧，门向南开，长 3.5 米，宽 2 米，高 2.5 米。

三、盐碱地日光温室建造与施工

1. 基础工作

（1）场地选择　选择向阳避风，地势平坦，交通便利，不受洪涝影响，运土方便，便于施工，易于配套水电等基础设施，地下水位低，不破坏当地生态环境的地区。

（2）场地平整　施工前对场地进行平整，确定地面零水平线。

（3）开挖基础　一般开挖的宽度为温室设计跨度的 1.3～1.5 倍，深度 0.8 米左右，确定种植面，整平，基础灌水夯实。

（4）预制工作台及墙体基础（护坡）　工作台及墙体基础宽 0.8 米，厚 0.2 米，用混凝土浇筑；墙体基础立于工作台 0.5 米北沿，高 0.6 米，厚 0.3 米，并向外倾斜 5°，内设钢筋预制件水平方向与墙体垂直，竖直方向向下倾斜 10°拉压到 1.8 米处。

2. 墙体建造

（1）筑墙　山墙底宽 2.2 米，后墙底宽 2 米，后墙建到 2.4 米高时，墙体厚度应在 1.6 米左右，在后墙内沿上侧每 3.5 米居中挖宽 0.5 米、深 0.5 米、长 0.7 米的预制槽，用于制作钢屋架混凝土预制件。制作钢屋架混凝土预制件时，预制槽必须水平面和竖直面调整一致，在预制槽内先用混凝土浇筑 16 厘米厚的底，前沿模板居中放置铁烟筒，烟筒下端距预制槽内壁 32 厘米，继续用混凝土浇筑成预制件，约 20 分钟后抽掉烟筒，制成预留洞，预留洞用废纸等物封口。

（2）继续筑墙　将后墙继续筑高 0.8 米，总高度达到 4 米。山墙高度与钢屋架弧面保持一致，脊高 4.5 米，顶宽 1.4 米。

（3）拉丝坠石　距山墙外 0.5 米，挖深 1 米的沟，用混凝土浇筑长 6 米、宽 0.4 米、高 0.4 米的坠石，留 7 个露出地面的钢筋预埋件，用于固定屋面冷拔丝。

（4）前底脚圈梁　前屋面底脚用混凝土浇筑 30 厘米×30 厘米圈梁，上面内沿与后墙钢屋架预制件垂直对应处埋设 3 根直径 12 毫米的带钩钢筋，长 15 厘米，外留 5 厘米，距中心 3 厘米均匀分布，用于焊接钢屋架；钢屋架间均匀分布 5 根直径 6 毫米的钢筋，长 15 厘米，外留 5 厘米，用于固定撑竿；钢屋架中间上外沿埋设 1 根直径 6 毫米的带钩钢筋，长 15 厘米，外留 5 厘米，水平放置，用于固定压膜线。

3. 制作钢屋架

(1) 钢管焊接　前屋面钢管长 9 米（弧长 4.5 米），后屋面钢管长 2.5 米。前后屋面钢管以 126°（直线夹角）焊接，距焊接点 6.1 米和 2 米处再焊拉一根直径 12 毫米的钢筋（长约 6.6 米）构成钢屋架。制作钢屋架时先将前屋面 3 米与后屋面 2.5 米的钢管以 126°（直线夹角）焊接；其次弯曲前屋面 4.5 米长的弧（用槽铁做成半径为 3.5～3.7 米、弧长 4.5 米的模具，下端固定弯曲）；再将前屋面带弧钢管直线部分与 3 米吻合焊接，将钢屋架校正吻合为同一标准，再焊拉直径 12 毫米的钢筋（长约 6.6 米），焊接面约 10 厘米。

(2) 安装钢屋架　钢屋架两端以 3.5 米间距分别固定在前后预埋、预制件上。

(3) 焊接脊顶角铁　距前屋面脊顶 5 厘米处焊接，角铁一个面与前屋面平行。

4. 前屋面建造

(1) 拉冷拔丝　山墙外沿铺垫木棒，前屋面每 50 厘米拉一道冷拔丝，共 18 道；后屋面每 15 厘米拉一道，共 12 道，两头固定到山墙外的钢筋预埋件上。

(2) 冷拔丝固定　前屋面和后屋面的钢管、椽子与冷拔丝交叉处用 12 号铁丝固定。

(3) 撑竿　在钢屋架之间，均匀分布 5 道撑膜竹竿，竹竿与冷拔丝交叉处用塑料绳固定，竹竿两头分别固定在前圈梁预埋件和脊顶角铁上。

5. 后屋面建造

(1) 后屋面张力杆　在钢屋架之间加小头 10 厘米、长 2.7 米的椽子 1～2 根，椽子放在冷拔丝之上。

(2) 后屋面保温层　保温层前沿厚度不小于 0.2 米，后沿厚度不小于 1.4 米。保温层一般先在底部铺一层芦苇或竹帘，上铺一层旧膜，内填作物秸秆压实，再用废旧膜包住。外覆 5 厘米厚的湿土踏实，并用草泥封顶。

6. 配套设施

（1）**蓄水池**　建于靠近水源山墙内侧，长 6 米，宽 1.5 米，深 1.5 米左右，池底厚 0.3 米，中间加隔墙，粉刷要细致，防止渗漏。

（2）**草帘**　长 10 米，宽 1.2～1.4 米，厚 4～5 厘米。

（3）**通风口**　留在前屋面顶部，宽度以 50～70 厘米为宜。

（4）**覆膜**　用 0.12 毫米厚的 EVA 棚膜，采用双幅上膜法，大幅膜宽 9 米，上边固定于通风口前沿冷拔丝上，东西两边固定于两侧山墙外沿，下边固定于前屋面底脚，并用压膜线加固；小幅膜宽 1.5 米，前边与大幅膜上边重叠 0.3 米，后边固定在后屋面上。

（5）**缓冲房**　建于田间道一侧，门向南开，长 3.5 米，宽 2 米，高 2.5 米。

四、非耕地双拱双膜日光温室建造与施工

（一）设计要求

从非耕地地平面下挖 0.5 米砌建温室墙体，脊高达到 4.2 米，跨度 8.5 米，主墙体厚度不少于 2.5 米，后部堆积沙石保温层厚度不小于 3 米，女儿墙高度 1.3 米，后屋面仰角 42°～45°，主体钢屋架分上下两层双拱结构，屋架间距 2.8 米，主钢架上下两层之间距离 40 厘米，由脊高处向前端逐渐回缩，至前端距离为 20 厘米。

（二）材料及建造要求

温室主墙体采用砖混结构或大块砺石砌建。上层后屋面主钢架采用直径 6 厘米的国标厚壁钢管，壁厚不小于 3 毫米，前屋面主钢架采用直径不小于 5 厘米的厚壁钢管，并用 10 号钢筋焊接下弦，8 号钢筋焊接拉筋，拉筋间距 20 厘米；下层钢管后屋面部分采用直径 5 厘米的国标厚壁钢管，与上层钢管焊接为一个整体，前屋面部分采用直径不小于 3 厘米的厚壁钢管，与上层钢管之间预留出足够的空间，便于进行双层膜覆盖操作。外主钢架横梁采用规格 50 毫米×50 毫米×50 毫米的角铁，沿东西方向整体焊接。后屋面每 20

厘米拉一道 8 号铅丝，前屋面每隔 30 厘米拉一道铅丝。每两个钢架之间均匀绑缚 5 道直径不小于 2.5 厘米的竹竿。

墙体建造与施工技术参照其他非耕地类型日光温室。

第三章

非耕地日光温室蔬菜栽培技术

第一节 非耕地设施蔬菜栽培模式

我国从 20 世纪 90 年代初开始发展非耕地设施蔬菜产业，至 2010 年，我国累计推广非耕地设施蔬菜栽培面积 383.99 万亩，其中土壤严重退化的设施蔬菜产区推广面积 46.25 万亩，沙化地等非耕地推广面积 50.82 万亩。我国非耕地设施蔬菜栽培主要以有机生态型无土栽培模式为主。

一、栽培结构的设计建造

（一）栽培槽

栽培槽是常用栽培形式。结构简单、成本较低、建造快捷、使用寿命长，简单的槽培只需在平地上建槽框，内衬 1~2 层塑料薄膜，使基质与土壤隔离即可。根据生产条件、栽培作物不同，栽培槽的形状、大小、位置高低都不同。槽体可用木板、竹片、水泥板、石棉瓦、砖、苯板（聚苯乙烯泡沫板）等制作而成，最简单的槽体是由砖砌成的，一般不需要建造永久性槽体，各地可就地取材。近几年来，西北地区非耕地大力发展有机生态型无土栽培，栽培槽建造更加简便，在平地上下挖 25~30 厘米，槽边码一层砖或就地取块石做槽边，内衬 1~2 层塑料薄膜即可，成本显著降低，实用性、可操作性强。

栽培槽的大小和形状，取决于不同作物操作管理的方便程度。

例如番茄、黄瓜等大株型和爬蔓作物，通常每槽种植2行，以便于整枝、绑蔓和收获等操作，槽内径宽一般为60厘米，走道宽80厘米。对矮生植物可设置较宽的栽培槽，进行多行种植，槽宽只要保证能方便操作管理就行。槽深一般为25~30厘米，槽长可由灌溉能力（灌溉系统必须能对每株作物提供同等数量的营养液）、温室结构以及操作所需的过道等因素来决定。普通日光温室内的种植槽多为南北走向，槽长6.5~10米，现代化大温室的槽长多依据灌溉能力而定。为防止沤根，每个槽最前端外侧下挖一略低于槽底的坑，留有排水口，槽底中央截面设计成10厘米宽、5厘米深U形沟，铺5厘米瓜子石，其上铺一层编织袋，以便多余的水分排出，通常浇水时观察排水口，如果出水，说明水分供应充足，应停止浇水。栽培槽建造形式见图3-1和图3-2。

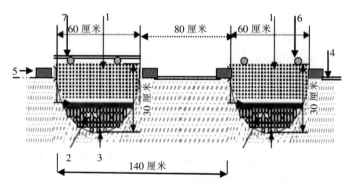

图3-1 地下式栽培槽设施示意

1. 基质（30厘米） 2. 瓜子石（5厘米） 3. 厚塑料膜
4. 地平面 5. 砖 6. 滴灌管道 7. 塑料薄膜

为减少水分蒸发，基质槽表面应覆盖地膜，农业观光园区为提升观光效果，栽培槽表面可覆盖2厘米厚的泡沫塑料板，板上按植物的栽培株行距打定植孔（直径10厘米），此法隔热，阻隔病菌，洁净美观。

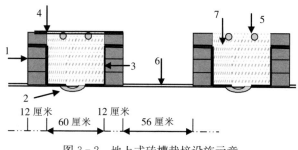

图 3-2 地上式砖槽栽培设施示意
1. 砖 2. U 形沟 3. 厚塑料膜 4. 塑料薄膜 5. 滴灌管道 6. 地平面 7. 基质

(二)栽培袋

袋培除了基质装在栽培袋中以外,其他与槽培基本相似。栽培袋通常用尼龙布或抗紫外线的聚乙烯薄膜制成,至少可使用 2 年以上。在光照较强的地区,袋表面应以白色为好,以便反射阳光并防止基质升温。相反,在光照较少的地区,则袋表面应以黑色为好,以利于冬季吸收热量,保持袋中的基质温度。栽培袋一般分为有筒式栽培袋(图 3-3)和枕头式栽培袋(图 3-4)两种规格样式。筒式栽培袋的制作方法是将直径 30~35 厘米的筒膜剪成 35 厘米长,用塑料薄膜封口机或电熨斗将筒膜一端封严即可,装基质前袋内侧衬一层编织袋,每袋装基质 10~15 升,直立放置即成为一个筒式袋。枕头式栽培袋的制作方法是将筒膜剪成 70~100 厘米长,用塑料薄膜封口机或电熨斗封严筒膜的一端,内侧衬一层编织袋,每袋装基质 20~30 升,再封严另一端即成枕头式栽培袋,依次摆放到温室中。枕头式栽培袋定植前,先在袋上开两个直径 10 厘米的定植孔,两孔中心距为 40~45 厘米。无论是哪种栽培袋,都应在袋的底部或两侧开 2~3 个直径 0.5~1.0 厘米的小孔,以便多余的水从孔中渗出,防止沤根。此外,也有将塑料薄膜裁成 70~80 厘米宽的长条形后平铺于温室的地面上,内侧衬一层编织袋,沿中心线装填 20~30 厘米宽、15~20 厘米高的梯形基质堆,再将沿塑料薄膜长向的两端兜起,每隔 1 米用塑料夹夹住或用耐老化的玻璃丝拢住即成长筒形栽培袋。

图 3-3 筒式栽培

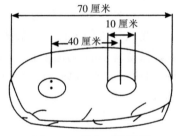

图 3-4 枕头式栽培袋

（三）栽培箱

箱培是用聚苯乙烯泡沫塑料箱作为栽培容器的一种栽培方式，整体效果美观，搬运方便。当单株作物发病时，可将该泡沫箱基质单独消毒处理，栽培箱建造方法是先将地面整平（坡降 0.5%～1%），整个地面铺砖，在摆放泡沫箱的位置，铺两列砖，砖上摆放一列泡沫箱，略高于过道，两列砖之间留出 10～15 厘米的缝隙，用水泥砂浆抹出排水沟，排水沟较低的一端与位于温室一端的排水槽相连，可将多余的水分排到室外（图 3-5）。也有人只在温室地面上平铺上砖，不做排水沟，适当供应水分，少量渗出水分通过砖之间的缝隙渗入地下。

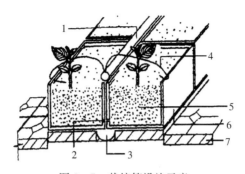

图3-5 栽培箱设施示意

1. 供水软管 2. 排水孔 3. 排水槽 4. 内径2毫米水阻管
5. 基质 6. 泡沫箱 7. 砖

栽培瓜类、茄果类等大株型蔬菜时，应选用高度20厘米以上的泡沫箱；栽培白菜类等小株型蔬菜可选用高度10厘米左右的泡沫箱。泡沫箱要有一定的强度，一般要达到20千克/米³，这样才能延长箱的使用寿命。使用前在泡沫箱的侧壁上距离底部2~3厘米处钻2~3个孔，以防箱中积水沤根。在两个泡沫箱相邻处的上方铺设1条供水支管，一个泡沫箱内设2条内径2毫米的水阻管。水阻管两端削尖，一端插入栽培行间的供水支管，一端穿过泡沫箱上沿固定住，伸向泡沫箱中的基质表面，出水口与基质表面保持1~2厘米的距离，以免在潜水泵停机水分回流时将基质吸入水阻管而堵塞。

二、滴灌系统

大部分非耕地设施由于水源不足需采取滴灌形式进行供水，微喷滴灌效果更好，一般在温室内一侧建造一个半地下式蓄水池，下挖1米，外露50厘米，宽1.5米，长5.5米，上面盖上木板和棚膜，保持水温与室内温度一致，也有使用集水箱或直接将滴灌安装在自来水管上，每个栽培槽铺设2根滴灌带（管），滴灌带距栽培槽边各15厘米，靠近作物根部，浇水时用功率不小于1千瓦的水泵加压。

浇水一般在 10：00 左右进行，阴雨雪天不浇水，夏季高温季节除了早晨供水之外，16：00 后补浇一次，保持基质湿润，含水量在 75%～80%，一般滴灌浇水均匀一致，可控性强，可结合灌溉施肥、施药，适时适量灌水，也可根据作物的生长特点进行自动控制水量，节水增产显著。

第二节　生产茬口与良种选择技术

一、生产茬口的选择原则

（一）充分发挥设施优势，提高设施利用率

根据对应市场以冬春茬和秋冬茬果菜类蔬菜生产为主，冬春茬果菜类蔬菜生产尽量延长生育期，向产量效益型发展；秋冬茬果菜类蔬菜生产，尽量使产量高峰向严寒季节延迟，以取得差价的效益。

（二）根据当地气候特点和日光温室的采光、保温性能以及避开病虫害多发期等来安排适宜的蔬菜种类

光照条件较好的地区栽培番茄等蔬菜，而光照条件差的地区可以生产辣椒、茄子等蔬菜，可根据区域特点安排茬口。

（三）以市场为主要素来确定蔬菜种类和品种

根据当地、当年的市场行情选定蔬菜种类，比较稳妥的方法是种植常年需求量较大、价值较高、价格相对稳定的蔬菜。同时也可以避开生产过剩的季节和蔬菜种类，种植供不应求的"缺货"。日光温室多用于冬季反季节生产，而元旦、春节两个节日正处于严冬期间，此时市场对蔬菜需求量大，但温室生产产量较低，应根据当地实际情况合理选择。

（四）根据生产者种植水平确定种植品种

日光温室蔬菜栽培对管理技术要求较高，要求生产者有较高的技术水平以及管理经验。生产者应该循序渐进，通过实践积累经验，获得不断提高。初次进行非耕地温室栽培可先选技术要求较低、栽培管理比较容易的蔬菜种类种植，与此同时根据具体情况摸

索种植技术要求较高的蔬菜，为日后从事高效益、高难度的蔬菜生产创造条件，以达到稳产、高产、增值的目的。

二、生产茬口的种类

（一）多茬周年生产

多茬周年生产指专门生产生长周期较短的蔬菜，如小油菜、生菜、芫荽、菠菜等，周年可生产 5～6 茬。

（二）一大茬生产

一大茬生产主要指生产番茄、茄子及嫁接黄瓜等蔬菜，在 9 月育苗，10 月定植，经过严冬、春季，直到翌年 6 月结束。这种茬口安排，生产期长，需加强肥水管理，病害防治，实行精耕细作，才能取得高产高效。

（三）两茬生产

两茬生产指秋冬茬和冬春茬两个茬口的生产。

1. 秋冬茬生产　一般在 7 月育苗，秋末定植。这种茬口安排，主要供应元旦和春节期间的市场。生产种类有番茄、西葫芦、芹菜等。

2. 冬春茬生产　一般是在 10 月至翌年 1 月初育苗，1 月下旬至 2 月上旬定植，3～4 月开始上市，上市期主要在塑料大棚生产收获上市前 50～60 天，而收获期可延长到 6～7 月，所以经营效益高。冬春茬的育苗期和定植期，外界气温较低，管理难度大，必须精细管理，才能取得理想的效果。生产种类有黄瓜、番茄、西葫芦、辣椒、茄子等。

三、优良品种的选择原则

（一）具有优良的经济性状

蔬菜栽培作为特殊的商品生产，其品种应具有适宜的熟性，稳定的丰产性，优良的商品外观品质和营养、风味品质。关于熟性，要符合栽培方式的需要，如春季番茄早熟栽培就需要早熟品种，而夏季栽培则需要晚熟品种。蔬菜产品的外观品质，涉及产品器官的形状、大小、色泽等，常因各地消费习惯不同而有差异。

（二）具有良好的适应性和抗病性

品种的适应性应包括对同一地区不同年份气候变化的适应性和对不同地区气候差异的适应性。品种的适应性是实现稳产的重要因素。蔬菜栽培上，有不少蔬菜的稳产、丰产受病害发生情况的制约，所以，一个优良的蔬菜品种，应对该种蔬菜经常发生的主要病害有一定的抗性。当然，能抗多种病害更好。须注意，由于受育种技术水平的局限，有些蔬菜的抗病性往往与优质相矛盾，即抗病的品种大多品质较差，在选用品种时应引起注意。但是所选种子都要符合国家标准二级以上，即选用高抗寒、高抗病、饱满的品种，越冬茬生产要选用耐低温弱光、色泽油亮、产量高、果型好的品种。

（三）具有良好的整齐度和遗传稳定性

如前所述，蔬菜是特殊商品，商品的一致性和经济效益密切相关。这就是说，对品种一致性的要求不仅是栽培的需要，还是市场的需要。品种的遗传稳定性，对地方品种和常规品种来说也很重要，因为这些品种常被生产者留种，如果品种的遗传性不稳定，则势必影响所繁种子的一致性。

（四）具有良好的种子播种品质

即优良品种还需同时为优质种子。种子的播种品质包括发芽率、发芽势、种子净度及适宜的含水量等。

第三节　环境调控技术

非耕地日光温室中光照、气温、地温、基质温度、基质水分、空气湿度、有害气体等环境因素特点，决定了日光温室蔬菜的品质。

一、光照

光照是日光温室的主要热量来源，也是绿色植物光合作用的能量来源。日光温室光照的特点是光量不足。日光温室是在一年之中光照最差的季节进行生产，加上太阳光透过薄膜后的损失，光照不足愈显突出。再加上光照条件分布不均，具有前强后弱、上强下弱的变化规律，在人工补光尚不可能的情况下，只能通过增加日光温室光照，应用透光好、吸尘少、寿命长的复合薄膜，及时清洁棚膜，及时揭盖草苫，在保证温度的前提下尽量延长光照时间等措施来解决光照不足的问题。

二、温度

(一) 室内气温

不同类型的非耕地日光温室，在保温措施落实到位的情况下室内的最低温度应在 10 ℃以上，1月室内平均温度应达到可以随时定植喜温果菜的温度水平，在外界气温−20 ℃左右的情况下，室内外温差可达 30 ℃左右。在冬季遭遇数十日连阴雪天的情况下，室内的最低气温一般不低于 8 ℃，或出现略低于 8 ℃的气温，但连续时间不超过 3 天。日光温室内的温度变化是有规律的，晴天上午适时揭苫后，温度有个短暂的下降过程，然后便急剧上升，一般每小时可升高 6～7 ℃；在 14：00 左右达到最高值，之后随着太阳西下温度降低，17：00～18：00 温度下降较快。覆盖保温棉被后室温出现暂时回升，然后一直保持缓慢下降状态，到0：00以后，每小时下降 1℃左右，第二天日出前达到最低值。日光温室极端最低温度一般出现在深冬强寒流来临或数十日连阴天之后。在评价温室性能的诸多指标中，最低气温更能显示出一座温室的实用价值。

(二) 根际温度

根际温度在土壤栽培温室中即为地温，在非耕地温室基质栽培中就是基质温度。基质或土壤是光热能量的转换器，也是温室热量的主要储藏源。白天阳光照射到基质和地面上，基质会把光能转换为热能，晚间当没有外来热量补给时，基质和地面储热是日光温室的主要热量来源。基质温度垂直变化表现为晴天的白天上高下低，夜间或阴天下高上低，这一温度的梯度差表明了在不同时间和条件下热量的流向。根际温度偏低、蔬菜长势不好是日光温室冬季蔬菜生产普遍存在的问题，因此冬季日光温室生产中，地温比气温更重要、更关键。观测数据显示：提高 1℃基质温度相当于增加 2℃气温的效果。

三、基质水分

非耕地日光温室绝大部分应用无土栽培，基质水分主要依赖于人工灌溉，而基质疏松且用量少，因而，基质保湿能力较土壤差，灌水周期非常短，在冬季浇水时，频繁浇水直接影响到基质的温度，而基质温度低，直接影响蔬菜正常生长，所以，温室浇水除要达到农用灌溉水的标准外，冬季和早春特别强调使用深机井水，而且浇水宜在晴天的上午进行。如果浇灌地表水时，应事先把水引到温室里进行预热。

四、空气湿度

非耕地日光温室里，特别是夜间，空气的相对湿度经常在90％以上或饱和状态。空气湿度大是温室环境的又一显著特点，高湿对大多数蔬菜的生长发育是不利的，常会引起多种病害发生或蔓延。但是，新建非耕地日光温室在苗期与常规温室有很大的区别，应注意苗期的湿度。在非耕地日光温室冬季生产时，采取早晨放风达到降低空气相对湿度的做法是不现实的，比较正确的做法是密闭温室，尽快提高室温，空气的相对湿度自然就会降下去。温室的空气湿度在浇水后最大，以后随着时间的推移降低。日光温室放风是以温度为指标，温度不能保证时一般不放风。因此降低日光温室空气湿度不能单纯依靠放风来实现。而应该把着眼点放到减少基质水分蒸发上。即使如此，温室的高湿也是不可避免的。因此，在对待日光温室高湿的问题上，应该采取辩证的态度。

第四节 温、光、气调控技术

一、日光温室冬季增温控湿技术

蔬菜喜温，生育适温为 22～30℃。温度低于 17℃，蔬菜生长缓慢，较长时间处于 7～8℃ 会发生冷害而出现僵果。温度高于 40℃ 时，花器生长受损。定植后缓苗，温度宜高些，白天保持 25～28℃，前半夜保持 18～20℃，后半夜保持 12℃ 左右；果实采收期，上午保持 26～32℃，下午保持 30～24℃，前半夜保持 21～18℃，后半夜保持 10～13℃；阴天时白天保持 20℃ 左右，夜间保持 10～13℃，低于下限温度会出现僵果和烂果。在冬季低温弱光期，一般保低不放高，即白天气温不低于 18℃，基质内温度争取保持在 18℃。生产茄子，棚膜不能用聚氯乙烯绿色膜，以防止长出阴阳僵化用，用聚乙烯紫光膜增产显著。冬季气温一般不会超过 36℃，光照弱，没有必要把气温调得很高，否则养分消耗多，产量低，对低温寡照期安全生长不利。春季到来后，光照度逐渐加大，日照时间加长，应尽可能按前述温度指标进行管理。谨防温度高、水分多、氮肥多引起植株徒长。结果盛期，光合作用适温为 25～32℃；前半夜适温为 20～15℃，使白天制造的养分顺利运转到根部，重新分配给果实和叶茎，达到生殖生长和营养生长、根系生长和地上部生长的平衡；后半夜适温为 13℃，可短时间为 10℃，使植株整体降温休息，降低营养消耗量，以提高产量和质量。但长期低温不宜授粉受精，会出现僵果和畸形果。

（一）增温保温技术

阳光是日光温室唯一的自然热源，充足的光照，良好的保温性是日光温室生产成败的关键因素。西部地区虽然冬季最低气温在 −20℃ 以下，然而晴天多，光照充足。所以在冬季利用日光温室能生产出喜温的优质蔬菜，但必须重视增温保温，才能确保安全高效。

1. 科学设计温室结构 冬季进入日光温室内的阳光，经过前屋面塑料薄膜和骨架材料的反射、吸收、遮挡，光照度更弱，日照时间更短，温室受光增温不佳。光多温度就高，作物光合作用就旺盛。在非耕地日光温室建造设计上，提倡应用推广"大空间、高屋脊、无立柱、大仰角、宽后坡、厚墙体、拱圆形"节能日光温室结构，重点推广采光保温好、抗灾能力强的双拱双膜日光温室结构。

2. 应用醋酸乙烯膜　阳光照射到日光温室前屋面塑料薄膜上，部分被反射，部分被吸收，剩余光线才进入温室。透光好、吸尘少、寿命长的醋酸乙烯无滴塑料薄膜是日光温室生产的首选。

3. 配套自动卷帘设施　根据对日光温室气温变化的观察，冬季晴天情况下，日出后半小时后揭帘，随光照增强温室内气温回升，13：00～15：00 温度达到最高值，16：00 以后逐渐下降，盖帘前降温最快，次日早晨 6：00～7：00 温度最低。配套自动卷帘设施，就可以迅速拉帘放帘，不仅降低了劳动强度，而且可增加 1 小时光照，提高室内温度 2℃左右。

4. 建造缓冲间　冬季日光温室内外的温差一般在 20℃以上，有时可达 30℃。温室内的热量是以辐射和对流的方式通过薄膜、门和缝隙等处向室外传热。特别是人们频繁进出温室，使得温室门口成为热量散失的主要通道。建造缓冲间，并在寒冷时加挂门帘，对温室保温十分重要。

（二）冬季控湿技术

冬季温室通风少，温室内容易积聚水汽，导致空气湿度过高，引发病害，抑制蔬菜的生长发育。所以，冬季温室控湿技术是冬春季节温室蔬菜生产能否成功的重要因素之一。据试验观测，温室内空气中水分的主要来源是：地面水分蒸发、蔬菜茎叶蒸腾、塑料薄膜表面上露珠蒸发及滴落、叶面喷肥喷药等。温室内空气湿度变化的一般规律是：随着温度升高室内相对湿度下降；随着栽培料湿度增加室内相对湿度增大；随着温室内相对湿度增大，塑料薄膜表面上水滴增多增大；随着蔬菜生长和植株增高，温室内相对湿度增大；随着叶面喷肥喷药次数增加，温室内相对湿度增大。通过生产实践，总结出降低温室内空气湿度的主要措施如下：

1. 合理栽培密度，施行全地膜覆盖　在定植前根据不同作物的植物学特性和栽培要求确定合理的株行距，并且进行全地膜覆盖，使栽培基质和地表的水分难以蒸发，由此温室内的空气相对湿度可降低 20%～55%。

2. 膜下暗灌，科学浇水　配合全膜覆盖应用滴灌或管道灌溉，适量灌水，掌握晴天浇、阴天不浇，上午浇、下午不浇，浇小水、不满灌等原则。

3. 及时防病，减少喷雾　温室内长时间高湿会引发病害发生，病害发生使喷药防治次数增加，喷药次数增加又会造成温室内的高湿度，形成恶性循环。相反，温室内的低湿度会减少病害发生，病害的发生少就减少了喷药防治次数，减少了喷药防治次数又会降低温室内的湿度，变为良性循环。因此，要采取综合措施，及时预防病虫害发生。当病害一旦发生，尽量用烟雾剂、粉尘剂取代叶面喷雾。

4. 合理通风排湿　冬季温室生产要特别注意增温保温技术的应用，以确保温室内保持较高的温度。然而，不管选用何种塑料薄膜，采取何种灌溉方法，经过一段时间，温室内的空气湿度仍会很高。因此定期通风是必须要做的。在不影响室内温度的前提下，要尽量多放风。放风一般应选择晴天的中午。灌水后和连续的阴天、喷药喷肥的当天，温室内空气湿度容易过大，应酌情适时通风排湿。

二、日光温室蔬菜栽培光照管理技术

蔬菜果实生长和形成阶段对光照度的上限要求：蔬菜对光照度要求的下限为 2 000～3 000 勒克斯，瓜类蔬菜为 3.5 万～4.5 万勒克斯，茄果类蔬菜为 5 万～7 万勒克斯，韭菜、芹菜、甘蓝等叶菜类为 3 万～4 万勒克斯。冬至前后，白天应采取措施补光，使光照度尽可能达到光饱和点，以维持生理平衡，争取最佳产量和效益。

（一）阳光灯对日光温室蔬菜的补光增产作用

按照地理纬度、蔬菜生物学特性与生态的要求以及作物昼夜温度变化要求设计建造的日光温室,冬至前后白天室温可达25℃左右,傍晚10~15℃,夜间最低温度为8℃,已从根本上解决了蔬菜生长适温要求问题。但因冬季日照时间短,光照弱,0.9万~2万勒克斯以上的光照时间仅为6~7小时,而蔬菜要求12~14小时的光照才能达到最佳产量状态。所以,光照平衡已成为当前制约冬季蔬菜高产优质的主要因素。

1. 促进蔬菜长根和花芽分化 冬季蔬菜常见的不良症状是龟缩头秧、缺果症、蔫花僵果、畸形果、小叶症和卷叶症等,均为温度低和光照弱引起的病症。靠太阳光自然调节,少则10天半个月,多则1~2个月,才能缓解以上病症。但如果在双拱双膜日光温室内装备阳光灯,其中的红橙光可促进植株扎深根,蓝紫光可促进花芽分化和生长,使作物能无障碍生育;补光还可达到控秧促根、控蔓促果的效果,其增产幅度可达1~3倍。

2. 提高蔬菜的抗病增产能力 光照可提高植株抗病性。种子、气体是病菌的载体,水、肥是病菌的养料,温度、密度是环境,只有光是抑菌灭菌、增加植物抗逆性的生态因素。在非耕地日光温室内,由于特殊地理条件和生态条件,温度可提高2~3℃,湿度可下降5%左右,光照度可增加10%,病菌特别是真菌可减少60%。所以,冬季在非耕地日光温室内进行补光,提高植物体含糖度,增强耐寒、耐旱及免疫力,是抑菌防病最经济实惠的办法。

3. 延长日光温室作物光合作用的效应 下午棚温在15~20℃时,打开阳光灯补光1~3小时,每天能将5~7小时适宜光合作用环境延长1~3小时,蔬菜增产幅度可提高25%~30%。

(二)阳光灯的安装与应用方法

1. 阳光灯的安装 阳光灯配套件为220伏/36瓦灯管,配相应倍率的镇流器灯架,每个灯均应设开关,以便根据作物需求和当时光照调节。

2. 阳光灯的配套要求 用220伏、50赫兹电源供电。电源线与灯管总功率要相匹配。电源线要用铜线,其直径不少于1.5毫米,接头要用防水胶布封严。

3. 阳光灯照射时间　育苗期，7：00～9：00 和 16：00～18：00 用阳光灯照射，与太阳一并形成 9～11 小时日照，以培育壮苗；连阴雨天全天照射，可避免根萎秧衰；结果期早晨或下午室温为 15℃以上，光照度在 0.9 万～2 万勒克斯以下时，便可开灯补光。

（三）蔬菜覆盖紫光膜可提高产量

蔬菜光饱和点为 3.5 万～7 万勒克斯，光补偿点 0.2 万～0.3 万勒克斯，在光照度为 6 万勒克斯以上环境中也能正常结果，超过 8 万勒克斯时植株衰败。在 6 万～7 万勒克斯的条件下能抑制叶蔓生长，促进长果。光照不足时，果实小而硬。多数品种对日照长短不严格，8～10 小时的日照开花好，果实长得快。

冬季，太阳光谱中的紫外线只有夏季的 5%～10%，白色、绿色塑料膜又只能透过 57%，紫光膜可透过紫外线 88%。紫外线光谱可控制营养生长即叶蔓生长，防止植株徒长，促进根系深长。紫光膜可促进日照要求不严格的蔬菜发育，是产品器官形成的主要光线。

越冬蔬菜需要补充紫外线光，覆紫光膜比绿色膜棚温高 2～4℃。研究显示，2～4 月覆紫光膜、绿色膜和白色膜时，蔬菜根系数量分别为 46.7 根、35.2 根、28.1 根，叶面积分别为 450 厘米^2、480 厘米^2、360 厘米^2，茎长分别为 5.8 厘米、7.2 厘米、6.7 厘米。紫光膜覆盖茄子、番茄，每 667 米^2 产量为 1 万千克以上。据调查，每 667 米^2 产量为 1.2 万千克，比覆盖白色膜、绿色膜增产 30%～50%。4 月以后瓜类蔬菜不宜盖紫光膜。

三、日光温室气体管理技术

日光温室蔬菜生产中应少施碳酸氢铵、人粪尿；多施充分发酵腐熟的牛粪、鸡粪作基肥。上述肥料均会挥发出氨气，如用量过大，通风不及时，会造成氨中毒，伤叶伤根而导致大幅度减产。减少有害气体最有效方法：一是减少使用产生有害气体的物资，二是通风进行气体交换将有害气体排出。一氧化碳日平均控制在 4

毫克/米^3 以下，飘尘、二氧化硫、氢氧化物控制在 0.05 毫克/米^3 以下，化学氧化剂每小时平均控制在 0.2 毫克/米^3，氨气控制在 4 毫克/米^3 以下，就可达到空气生态平衡，从而促进蔬菜生产。

第五节　营养管理技术

一、蔬菜精量施肥技术

近年来，大多数菜农比较重视氮、磷、钾化学肥料的投入，但比例不合理的现象十分严重，使栽培基质缓冲性日趋恶化。植物营养不平衡，易感染多种病害，致使产量、质量下降。因此，实行平衡施肥要考虑以下因素。

（一）按基质新旧施肥

栽培基质料在施肥时应从实际出发，讲究营养比例，填充新机质，应根据施肥标准进行平衡施肥。

（二）按营养素的作用施肥

氮主长叶片，磷分化花芽、决定根系数目，钾主长果实，钙固体增硬，镁决定光合强度且防裂，硫增糖度并促进蛋白质合成，锰增强抗逆性，锌生激素促长，硼壮果抗生理病害，钼提高抗旱性，硅促根抗热，锰、铜抑菌促长，碳膨果壮秆，氧提高吸收能力、促进营养运转，氢养根等，17 种必需营养元素缺一不可。

（三）按肥料特性施肥

不同的肥料性质不一样，使用也不一样。氮肥易挥发，以沟施为好。磷肥易失去酸性与基质凝结失效，应与有机肥混合穴施或根施。钾肥不挥发，不失效，根据产量上升随水冲施。硼肥应用热水化开，随水浇施或在高温低温期叶面喷施。锌应用凉水化开，单施或与其他肥混施。钙在高温、低温期进行叶面喷施，冲施浪费量大，因基质中一般不缺钙。铜随水在苗期冲施、穴施，既能杀菌，又能促长，也可进行叶面喷施。锰、钼以叶面喷施为好。硅肥可冲施和根外喷施。铁不影响产量只影响质量，可喷施、浇施。

（四）按作物需要施肥

植物体含碳45％，氧45％，氢6％。蔬菜生长所需碳、氮比例为30∶1，有机质含量3.5％。基质浓度为：有效氮100毫克/千克，有效磷24毫克/千克，速效钾240毫克/千克。果菜类要注重施钾肥，补充磷、氮肥。前期注重施氮扩叶，后期注重施钾长果，早期注重施磷长根。叶薄时补氮，僵化小叶要补锌，干尖要补钙，心腐要补硼，发生真菌病害要补钾、补硼，发生细菌病害要补钙、补铜，发生病毒病要补钼、补锌。

二、重视生物肥料及微量元素的合理使用

（一）腐殖酸肥在有机生态型无土栽培中的实践应用

1. 胡敏酸对植物的生长刺激作用　腐殖酸中含胡敏酸38％，用氢氧化钠可使胡敏酸生成胡敏酸钠盐和铵盐，施入农田能刺激植物根系发育，增加根系的数目和长度，增强植物耐旱、耐寒、抗病能力，植株生长旺盛。深根系主长果实，浅根系主长叶蔓，故发达的根系是决定果实丰产的基础。

2. 胡敏酸对磷素的保护作用　磷是植物生长所需大量元素之一，是决定根系的多少和花芽分化的主要元素。磷素是以磷酸的形式供植物吸收的，一般当时当季利用率只有15％～20％，大量的磷素被水分稀释后失去酸性，被基质固定，失去被利用的功能，所以磷只有同有机肥结合穴施或条施才能持效。腐殖酸中的胡敏酸与磷酸结合，不仅能保持有效磷的持效性，并能分解无效磷，提高磷素的有效利用率。无机肥料过磷酸钙施入极易氧化失去酸性而失效，利用率只有15％左右，而腐殖酸磷肥的利用率比过磷酸钙高2～3倍，达30％～45％。每667米² 施50千克腐殖磷酸肥，相当于100～120千克过磷酸钙。

3. 提高氮碳比的增产作用　蔬菜高产所需要的氮碳比为1∶30。近年来，有的菜农不注重有机肥的施用，化肥施用量大，氮碳比仅为1∶10左右，严重地制约了产量。腐殖酸肥中碳含量为45％～58％，增施腐殖酸肥，蔬菜增产幅度达15％～58％。

4. 增强植物的吸氧能力　腐殖酸肥是一种生理中性抗硬产品，与一般硬水结合一昼夜不会产生絮凝沉淀，能使基质保持足氧态，有利于氧化酸活动，可增强水分营养的运转速度，提高光合强度，增加产量。腐殖酸肥中含氧 $31\%\sim39\%$，施入基质槽时可疏松基质，储氧吸氧交换能力强。所以腐殖酸肥又称呼吸肥料和碱解化盐肥料。

5. 提高肥效　腐殖酸有机肥采用高新技术，使高浓度的多种有效成分共存于同一体系中，多数微量元素含量在 10% 左右，活性腐殖酸含有机质 53% 左右。大量试验证明，综合微肥的功效比无机质至少高 5 倍，而叶面喷施比冲施要高许多倍。腐殖酸肥含络合物 10% 以上，叶面或根施都具有多种功能，能提高叶绿素含量，尤其是难溶微量元素发生螯合反应后易被植物吸收，从而可提高肥料的利用率，所以腐殖酸肥还是解磷固氮释钾的肥料。

6. 提高植物抗病抗虫性　腐殖酸肥中含芳香核、羰基、甲氧基和羟基等有机活性基因，对虫害，特别对地蛆、蚜虫等害虫有忌避作用，并有杀菌、除草作用。腐殖酸中的黄腐酸本身有抑制病菌的作用，若与农药混用，将发挥增效缓释能力。腐殖酸还是生产绿色食品和无土栽培的廉价基质。

7. 改善农产品品质　钾素是决定产量和质量的大量元素。基质中，钾存在于长石、云母等矿物晶格中，不溶于水。如腐殖酸肥中含这类无效钾为 10% 左右，经分化可转化 10% 的缓性钾，速效钾只占全钾量的 $1\%\sim2\%$，经化学处理 7 天后可使全钾以速效钾的形态释放出 $80\%\sim90\%$，从而使基质中营养全，病害轻。腐殖酸肥中含镁量丰富，镁能促进叶面光合作用，增强光合强度，使植物生长旺盛，产品含糖度高，口感好。腐殖酸肥对植物的抗旱、抗寒等抗逆作用，对微量元素的增效作用，对病虫害的防治和忌避作用，以及对农作物生育的促进作用，最终表现为改进产品品质和提高产量。生育期注重施用该肥，产品可达到无公害食品标准。在有机生态型无土栽培中，施用效果显著。

(二) 碳在有机生态型无土栽培中的增产作用

碳、氧、氢是以气化物供植物吸收利用的，它们是植物所需的三大元素，占植物体鲜重的 $75\%\sim95\%$，碳在植物体内干物质中占 45%，是组成植物体的主要成分。

动植物有机质残体与有机基质结合，形成较多的物质是碳水化合物（纤维素、果胶质、淀粉等多糖物），在微生物分泌的作用下，将碳水化合物分解成单糖，又在好气性微生物的分解下，最后产生二氧化碳和水。

绿色植物全都具有将根系吸收的水分和叶片气孔吸收的二氧化碳在叶片中合成糖的能力。所以植物残体转化成二氧化碳形态，又供植物叶片光合作用吸收，叶通过吸收二氧化碳，能使植物体粗壮，叶色变绿，特别能使果实营养快速积累而膨大。

(三) 氢、氧在有机生态型无土栽培中抗病增产的原理及应用

蔬菜使用植物基因诱导剂后，其光合速率比对照株提高 1 倍以上（国家 GPT 技术测定为 $50\%\sim491\%$），植物整体细胞活跃量提高 30% 左右，半休眠性细胞减少 $20\%\sim30\%$，对作物具有促进和矮化双向调控抗逆性能，增产效果十分明显。

1. 能大幅度提高植物光合作用和光合产物 一种作物能否接受和吸纳多种植物特殊性基因，对作物本身光合速率大小具有决定性意义，是当今人类向植物要果实，植物向阳光要速率的高新生物技术。植物基因表达诱导剂被作物接触吸纳后，作物光合强度增强 $50\%\sim491\%$，从而使作物超量吸氮，氮的利用率提高 $1\sim3$ 倍；酪氨酸增加 43%，蛋白质增加 25%，维生素增加 28% 以上，从而达到不增加投入就可以达到高优品质。

2. 提高二氧化碳的利用率 施用植物基因诱导剂后，作物光合速率大幅度提高，从而导致二氧化碳的同化率也大幅度提高，能使作物对二氧化碳利用率提高 200 倍，进而能使叶色变深，光合强度加大，使产量大幅度提高。

3. 充分发挥氧气的作用 光能将水分在作物体内分解成氢和氧，氧足能使植物在低温高湿环境中利用蓝、紫光产生抗氧的高光

效应，而使嫌气性病菌则无生存繁衍环境。同时，病菌在真空和高氧环境中也不能生存，所以施用植物基因诱导剂，还有高氧灭菌、灭虫的作用。蔬菜秧苗矮化和协调健壮生长，不易染病，就是多氧抑菌增强抗性的作用。氧足能使植株花蕾饱满，叶、秆壮而不肥，花蕾成果率高。

4. 充分发挥氢的作用　作物产量低源于病害重，病害重源于缺素，营养不平衡源于根系小，根系小源于氢离子运动量小。使用基因诱导剂，光合作用提高后，便会产生大量氢离子向根部输送，使根系吸收力加大，难以运输的微量元素如铁、硼等离子活跃起来，使植物达到营养平衡最佳状态，不仅抗侵袭性强，而且产品丰满。

（四）钾在有机无土栽培中的增产作用

目前高产高投入日光温室的栽培基质普遍缺钾，一般日光温室基质栽培补充钾肥可增产 10.5％～23.7％，严重缺钾的补充钾肥可增产 1～2 倍。因基质常量元素氮、磷、钾严重失调，缺钾已成为影响最佳产量效益的主要因素。根据日本有关资料，氮素主长叶片，磷素分化幼胚、决定根系数目；钾素主要是壮秆膨果，盛果期22％的钾素被茎秆吸收利用。钾肥不仅是结果所需的首要元素，而且是植物体内酶的活化剂，能增加根系中淀粉和木糖的积累，促进根系发展、营养运输和蛋白质合成，是较为活跃的元素。钾素可壮茎、厚叶、充实、增强抗性，降低真菌性病害的发病率，促进硼、铁、锰吸收，有利于果实膨大和花蕾授粉受精等。钾对提高瓜类蔬菜产量和质量十分重要，茄子施磷、氮过多会出现僵硬小果，施钾肥后 3 天见效，果实会明显增大变松，皮色变紫增亮，产量大幅度提高。

钾肥不挥发，不下渗，无残留，利用率几乎可达 100％，也不会出现反渗透而灼伤植物。钾肥宜早施勤施。钾肥施用量，可根据有机肥和钾早期用量、浇水间隔的长短、植株大小、结果盛衰等情况灵活掌握。一般每 667 米² 1 次可施入 7.5～24 千克，产量达15 000千克。叶茂盛时，需分 4～5 次投入 50％含量的硫酸钾肥

200 千克左右；叶弱时，需投入含氮 12％、含钾 22％的冲施灵 7 千克，增产效果十分显著。

（五）17 种元素对蔬菜的解症增产作用

1. 硼的解症增产作用　1 000 倍液硼的营养，能防止空秆、空洞果、叶脉皱、腐心等症。

2. 锌的解症增产作用　700 倍液锌的营养，能预防秧苗矮化、黄化、萎缩，以及感染病毒引起的畸形果、花面果、僵硬果等，投入产出比为 1∶100～1 000。

3. 铁的解症增产作用　800 倍液铁的营养，可防止作物新叶黄白、果实表面色淡等症。

4. 锰的解症增产作用　650 倍液锰的营养，可增强作物光合强度，降低呼吸作用，促进授粉受精，保花护果，投入产出比为 1∶100～500。

5. 钼的解症增产作用　5 000 倍液钼的营养，可防止卷叶、冻害、叶果腐败，抑制抽薹开花，提高抗旱性，预防病毒侵染。

6. 钾的解症增产作用　每千克钾可供产果菜 93～250 千克，即每千克 50％硫酸钾可供产果菜 50～60 千克，还可增加叶片厚度，防止植株倒伏，提高对真菌性病害的预防作用。

7. 磷的解症增产作用　300 倍液磷的营养，可促进花芽分化，增加根系数目 1 倍左右，还可防止植株徒长、窄叶、缺瓜等症，每千克磷营养可供产果菜 660 千克。但须防止盲目多施。

8. 氮的解症增产作用　450 倍液氮的营养，可防止下部叶黄化、叶片薄小、植株生育早衰。每千克氮营养可供产菜 880 千克。勿超量施用。

9. 碳的解症增产作用　秸秆含碳 45％，腐殖酸肥含碳 30％～54％，食草动物粪便中含碳 12％～26％。补足二氧化碳等碳营养素，可提高产量 30％～80％，故要注重秸秆作基质的主要原料。

10. 钙的解症增产作用　300 倍液钙的营养在高温或低温下喷施，可防止干烧心、生长点焦枯、脐腐果、裂果、裂茎，还可增加根的粗度，投入产出比为 1∶60 以上。

11. 铜的解症增产作用 500 倍液铜的营养，可增加叶色绿度，抑制真菌、细菌病害和避虫，保护植株，特别对土传病菌引起的死秧死苗的防治效果独特。

12. 硅的解症增产作用 500 倍液硅的营养，可使植物组织坚固，防止茎变弱，可避虫咬，防止病毒侵染。

13. 镁的解症增产作用 300 倍液镁的营养，可防止整株叶色褪绿黄化，避免光合强度降低。

14. 硫的解症增产作用 500 倍液硫的营养，可提高蛋白质的合成，增加果实甜度，防止整体生长变劣、根腐烂等症。

15. 氯的解症增产作用 500 倍液氯的营养，可促进植株纤细化，茎秆变硬，抗病，抗倒伏，促进各种营养的运输和储藏。

16. 氧的解症增产作用 高氧可灭菌，使嫌气性病菌不能生存繁衍，平衡植株生长。菜苗喷施植物基因诱导剂可提高氧交换量的 $50\% \sim 491\%$，提高产量 $50\% \sim 400\%$。

17. 氢的解症增产作用 氢可促进各种营养素的流转，特别能扩增根系，使根壮株强，抗逆增产。浇施植物基因诱导剂，作物可增根 1 倍左右，并使地上部与地下部、营养生长和生殖生长平衡，达到高产优质。

总之，如果作物缺乏某种营养，其他营养再多，产量也难以提高。一种或几种营养过多，植株叶不能平衡生长。营养素之间产生拮抗作用，又起互相抑制效果，使基质和植株营养失衡，投入过大，反而使产量降低。所以，缺什么补什么，才能节支高产。

第六节　水分管理技术

蔬菜含水量为 90% 以上。如果缺水，品质差且生长慢；水量大，有机生态型无土栽培基质如果配比失调，基质内就会缺氧，会造成作物沤根；空气湿度过大，易染病而难以控制。故苗期应控水促长根，中后期小水勤浇，可获得高产；水分供应不均衡，蔬菜产量低、品质差。蔬菜栽培基质料持水量一般控制在65%左右，根系透气性达19%~25%。为使栽培基质物理性状平衡，应采用膜下滴灌技术。

一、膜下滴灌技术

喷灌比大水漫灌节水60%左右，渗灌比喷灌又节水52%左右，省工、省电、省肥45%~80%，冬季能保持基质料温平衡。降低空气湿度，基质含氧状况好，对土传菌、气传菌引起的病害抑制效果佳，可减免大药防病用工和节省投资。非耕地日光温室膜下滴灌技术就是将日光温室的滴灌设施与地膜覆盖栽培技术相结合的一种节水灌溉体系，是非耕地日光温室高效优质无公害生产的关键技术之一。

二、膜下滴灌技术的特点

节水：由于完全控制了下层的渗漏，减少了地表蒸发，比一般膜下暗灌方式节水 $400~500$ 米^3，节幅达到70%~80%。

节肥：将水溶性的肥料溶于水中利用滴灌直接施在作物根系。

降湿：滴灌水在近根膜下，量又很少，大部分地表比较干燥，从而减少了地表蒸发，同时控制作物部分无效蒸腾，降低了室内空气湿度，减少了叶面结露，从而减少了一些以高湿度为条件主发的病害。

提高工效：利用滴灌，并进行自动化施肥、施药，可提高工效2~3倍。

三、膜下滴灌浇水技巧

蔬菜的生物学特性系营养生长和生殖生长相继进行，管理上要求适当控制营养生长，促进生殖生长。二者间协调关系受水分的影响很大。蔬菜性脆，不浇不长，具有喜湿怕旱的特点。但湿度大又易染病，所以，调节好湿度就能控制住病害。蔬菜正常生长的湿度与多种病害发生的湿度大致一样，为78%~85%。如何才能既控制住病害发生发展,又不使蔬菜叶蔓疯长呢?这就需要根据温差、土质、施肥量和秧蔓长势及产量,来掌握浇水次数和多少。其浇水技巧和原则如下。

1. 按不同生育期特点,掌握小水勤浇 果菜类蔬菜多在9~11月和翌年2~3月定植,定植前浇透水,前期控水蹲秧,促根深扎,结果期小水勤浇,促进果实生长。12月至翌年2月气温较低,在保障作物正常生长条件下,根据天气情况和作物长势应减少浇水次数和浇水量,以免地温大降,造成缺氧沤根。3~4月为生长旺盛期,随着叶面积增大,气温升高,产量增大,放风时间延长,浇水次数应增多,浇水量随之加大,5~7月为遮阴管理阶段,适当通底风,环境比较干燥,在地面洒水增加空气湿度,浇水按生长规律确定。

2. 根据基质特点,掌握轻重缓浇 基质有机成分高,疏松,透气性强,保水性差,浇水间隔时间短些。有机成分低、容重高,保水性好,透气性差,浇水量宜小,间隔时间长些,以防止沤根。

3. 看茎蔓、果长势,掌握控促补浇 叶、茎蔓生长快,叶片大而薄,要控水少浇;叶色墨绿,生长点缩成一团,果皮色无光泽,畸形果多为缺水表现,要及时补给水分;如心叶淡黄,秧头抬起呈塔形,叶大而薄,果不膨大,空节多,系水分过多表现,应控制浇水,防止徒长。如喷药浓度偏大造成药害,要立即浇水,补充水分,遮阴降温保湿,减轻药害,以免植株过于脱水造成枯萎。叶片发病重应停止浇水,排湿降温,以保秧护蔓为主要管理目的。果壮,皮色暗,采收前应浇水,以利于增重增鲜。

4. 看天气温度,掌握早中晚浇 在晴天天气条件下,在9:00~11:00浇水,高温期间除上午浇之外,17:00后补浇一次,促进果蔓生长;连阴天或温度较低时少浇或不浇,避免地温降低影响根系生理活性,确需浇水应在11:00~13:00进行,并且严格控制水量。

5. 根据病害发生规律,闭棚闷棚调浇水 蔬菜发病要求中温、高湿。霜霉病、灰霉病、蔓枯病发生,要求相对空气湿度为85%

以上；黑星病、炭疽病发生，要求空气相对湿度为 95％以上。湿度大有利于病害的发生和蔓延，管理上要采取闭棚闷棚等措施，以创造适合蔬菜生长而不适合病害蔓延的生态环境。其操作方法是：上午闭棚，使室温提高到 28～32℃（28℃以上不利于病害发生蔓延）；下午通风，将湿度降低到 60％～70％（低湿不利于病害发生蔓延）；傍晚通风 3 小时左右，可减轻蔬菜叶夜间吐水 50％左右，以减轻病害发生。如果晚上最低温度达 13℃以上，应整晚通风，使湿度降到 65％～75％，叶面无水滴水膜，不染病。选晴天早上浇水，浇完后闭棚，使温度提高到 40℃左右，闷 1～2 小时后通风（由小至大）排湿，晚上继续通大风降温，就可防止病害发生。

第七节　蔬菜无害化控制技术

一、蔬菜无害化控制的原则

温室不良的生长发育环境和病虫危害，是蔬菜生产的大敌。近些年来，石油农业遇到越来越多的问题，蔬菜食用安全已成为全社会关注的热点。随着化学工业的发展，化学合成的农业投入品品目繁多，施用化学农药和一些调控、促长、保果制剂，虽然见效快，但带来许多问题，最主要的是对蔬菜产品质量的严重污染。同时，污染大气生态环境，给人们的身体健康带来不利的影响，甚至造成人畜中毒，危及其生命安全。过去一些恶性事件的发生，教训是惨痛的。因此，在蔬菜生产中应大力宣传和强调禁用剧毒农药，采用综合栽培技术防治病虫，积极推广生物制剂和植物源性农药，采用调节温、光、气等物理、化学防治技术，积极推行生态防治，生产无毒害优质蔬菜，这是广大蔬菜生产者必须信守的原则。

（一）防治作物病害，要满足植物所需各类营养素

例如，病毒病的发生与缺锌、缺硅有关，真菌性病害与缺钾、缺硼有关，细菌性病害与缺钙、缺铜有关。如果各种营养素供应平衡，就不会发生病害。

（二）采取农艺措施防病

如采取控温控湿、控水通风、透气增光、施肥中耕等措施，

创造一个满足作物平衡生长的生态环境，就可以防病而获得增产。

（三）推广应用生物农药和高效低残留农药

生产上，利用细菌、病毒、抗生素等生物制剂防治蔬菜病虫害是目前最常用的生物防治技术。同时，要合理使用高效、低毒、低残留农药防治蔬菜病虫害，正确掌握施药技术，严格执行农药安全间隔期，才能确保蔬菜采收上市时农药残留不超标。

二、蔬菜防病用药新观念

（一）增强生态环保意识，树立生产优质蔬菜的新观念

乱施农药、重施农药必然造成作物生态环境和作物生理不平衡。创建良好的园艺设施生态环境，采取农业措施、物理防治和生物防治方法防治病虫害，是发展无害化农业生产，防治作物病虫害的必然方向。

蔬菜缺素症是温、光、水、肥、气等生态环境不适宜蔬菜生长发育需要造成的。蔬菜生存环境平衡，就不会发病。科学管理，创造蔬菜生态平衡的生长环境，就能减轻和防止蔬菜病害发生。

（二）改变"以防为主、盲目用药"的错误观念

生物界中没有一种植物是不受化学药害的，没有一种蔬菜用药越多就越健壮生长的，也没有任何一种生物是不产生抗药性的。因此，应该是不见害虫不施药，见了害虫用准药，使病虫受到控制。除虫应选用具有辐射连锁杀虫效果的药，比如生物制剂和铜制剂等可使虫体钙化而失去繁殖能力的药物。因此，应改变"以防为主、盲目用药"的错误观念。

（三）改变传统管理中用药勤病害轻的错误观念

蔬菜在中温、高湿环境中生长，与真菌、细菌生存环境大致一样，在叶面上喷洒化学农药，只能起到暂时杀菌抑菌的作用，但用药后会破坏叶片的蜡质保护层，干扰体内抗生素的合成，使蔬菜免疫力下降。经检测，喷药 10 小时后，真菌、细菌比用药

前繁殖速度加快 1 000 余倍，这就是用药越频繁病害越难控制的原因。

（四）确立无公害防病用药新观念

蔬菜病害多、难防治主要是由于肥害、药害、缺素失衡造成的生理障碍，导致作物器官衰弱败坏染病。如病毒病是氮、磷过多引起的锌吸收障害症，有机肥施用少引起的缺硅、缺钼障害症；缺钾、缺硼引起的真菌性病害；缺铜、缺钙引起的细菌性病害。有时补施肥后还有病，是由于施肥过重造成障害，实际上也是营养不平衡造成的。

要确立有机防病用药新观念。可用防虫网等机械物理方法防虫害；用灭虫、降温、增温的方法防治病毒病；用降温、通风、透光、稀植、疏叶的方法防治植株细菌、真菌病害；施入腐殖酸、秸秆肥以降低用药浓度，酸性基质料施入石灰，碱性基质料施入石膏，提高基质料含氧量，促进根系发达和吸收能力，可防止根系出现反渗透而染病。真菌、细菌大量繁衍的温度为 15～20℃，缩短这段温度的时间，可抑制病害的发生和蔓延。

此外，要科学选用农药。一是选用含微量元素的农药。如高锰酸钾含有钾，防真菌、细菌病害效果优于多菌灵、敌克松、托布津等；防治病毒病又优于病毒 A、菌毒清等，不仅能杀菌、消毒，而且常用量对人体无害；再如铜制剂，不仅能杀菌，而且能补铜，避虫，愈合伤口，刺激作物生长；锌制剂能促生植物生长素，促长防病。二是选用生物制剂。以有益菌克有害菌，使病害受到抑制。有益菌还可平衡植物和土壤营养，增强蔬菜抗病性。经常使用生物制剂，病害不会发生大蔓延，而且蔬菜产量高，品质好。

三、日光温室科学用药技术

在非耕地日光温室中，温湿度可以人为控制，封闭后便于高温或烟雾熏蒸灭菌杀虫，防病治虫十分便利，效果亦佳。但必须按照蔬菜的生物学特性和当时的生态环境，灵活掌握用药品种、时间、浓度和方法，才能达到既控制病虫害，又省药，使蔬菜产量达到最高的目的。

（一）按植株代谢规律喷药

蔬菜作物的代谢规律需要适宜温度的配合，才能按时完成。全天光合产物的 70% 是在上午合成的，须有较高的温度（25～35℃）；下午光合作用速度下降，养分在输送运转时，温度与消耗养分量以较低为宜，比上午应低 5℃。前半夜光合产物将全部转到根基部，重新分配到茎生长点和果实，运送养分须配合适中的温度（18℃左右）。如果运送不顺利，光合产物将停留在叶片上，会使叶片过于肥大，导致果实产量下降。后半夜蔬菜作物处于休息状态，其生理活动是呼吸，这是一个消耗养分的过程，此时温度宜低些，以减少养分消耗。蔬菜授粉受精期温度最低保持 13℃，果实膨大期还可再低些。

药物对作物的光合作用及营养运输有抑制和破坏作用，所以在晴天中午光合作用旺盛期和前半夜营养运输旺盛期要尽可能少用药或不用药。

（二）按发病规律用药

施药前准确诊断某种病或可能发生的病害，不要将非侵染性病害误诊为侵染性病害，将生理性病害当作非生理性病害去防治。比如，蔬菜因前半夜温度过低，在中下部光合作用旺盛的叶片上，因"仓库"爆满，光合产物不能运走，而使叶片增厚老化，出现生理障碍，叶片上出现圆形凹凸点，如同癞蛤蟆身上的点子，这时打药无济于事；还有蔬菜生长点萎缩，中部叶缘发黄是缺水引起的非侵染性生理病症，与细菌、真菌、病毒无关，打药也自然无效。治虫时，要认准危害蔬菜的主要害虫，然后选择专一性配广谱杀虫剂，进行有重点的综合防治，避免将不能混用的农药胡乱配合，切勿将杀虫剂用于治病，将防病药用于灭虫。

细菌性病害大多数发病环境是高湿低温，有病原菌存在；真菌性病害发病环境是高湿中温（15～21℃），有病原菌存在；病毒病是在高温干旱环境中，多数是由蚜虫传毒而发病。人为地控制一两个发病条件，均可减轻和防止病害发生。无发病条件，但作物有类似症状，应该考虑其他生理障碍因素。所以，施药前必须弄清病虫害的特征和准确选用相应的农药，才能做到对症下药。

（三）按作物生长规律用药

种子均为植株衰老成熟时采收，易带菌源，播种前宜用温热水浸泡消毒。幼苗期高湿高温为染病环境，加之温室内连年种菜，杂菌多，播前必须进行消毒。早春幼苗定植后低温高湿，应以防治细菌性病害为主；高秆蔓生作物中后期通风不良、高湿高温，应以防治真菌性病害为主；夏季育苗或秋延栽培高温干旱，应以防治病毒病为主，而防治病毒病应以治虫为主。

（四）按药效适量用药

防病农药多是保护性药剂，要提前使用，在病害发生前或刚刚发生时施药。灭虫农药在扣棚后定植前使用。如果蔬菜生长期施用毒性较大的杀虫剂，易造成药害；害虫在羽化期抗药性较强，防效差；对钻心虫主要是棉铃虫如果施药过晚，它已钻入果实，很难消灭。

配药前，首先要看准农药有效期。对新出厂的农药应以最大限度对水，临近失效的农药应以最低限度对水。一般浓度不要过大，如普力克、乙膦铝等浓度大效果反而差，既浪费药剂，又易烧伤植株。此外，要把农药含有效成分的型号认准，切勿把含有效成分80％的农药误按40％的浓度配制溶液而喷洒，也不要把含量为5％的农药当作含量50％而对水施用。农药以单一品种施用较为适宜，可混用的农药用量减半，且应以内吸性和触杀性混用为好。

（五）按温湿度大小适时施药

温室中的温度高低悬殊，湿度较大。施药时，温度掌握在20℃左右，选叶片无露水时进行，这样药液易附于叶片，水分迅速蒸发后，药液形成药膜，维持时间长，治病效果好。连阴天或刚浇水后，勿在下午或傍晚喷雾，因此期作物叶片吐水多，吐水占露水75％左右，易冲洗药液而失效，此时可以使用粉尘剂或烟雾剂。高温季节（温度超过30℃）不要施药，否则叶片易受害老化。高温、干燥、苗弱，用农药浓度宜低。一般感病或发生病害，应连喷 2 次，间隔 6～7 天。喷雾后，结合施烟雾剂效果更好。一般喷雾以叶背面着药为主，对钙化老叶少喷，以保护中、小新叶为主。喷雾勿过量而使叶面流液。个别感病株以涂抹病处为宜。病害严重时，以喷洒与熏蒸结合为宜（先喷雾，再喷施粉尘剂或燃放烟雾剂）。在防病管理中，以降低湿度为主，尽量减少喷药用量和次数，以达到控制病虫害发生和降低危害程度的目的。

第四章

蔬菜穴盘育苗技术

第一节　穴盘育苗的概念及特点

一、穴盘育苗的概念

穴盘育苗是指以穴盘为容器，采用以草炭、蛭石、珍珠岩等轻质材料为基质，手工或机械播种，在设施条件下进行育苗的方法。穴盘育苗技术诞生于 20 世纪 60 年代，70 年代开始较大面积发展起来。从全世界范围来看，穴盘育苗普及推广面积最大的是美国。我国于 20 世纪 80 年代中期将这项育苗技术正式引进，目前已在很多蔬菜生产者、合作社、企业中广泛应用。

二、穴盘育苗的特点

（一）省工、省力，机械化生产效率高

穴盘育苗采用精量播种，一次成苗，从基质混拌、装盘、播种、覆盖至浇水、施肥、打药等一系列作业实现了机械化自动控制，比常规育苗缩短苗龄 10～20 天，劳动效率提高 5～7 倍。常规育苗人均管理 2.5 万株，无土育苗人均管理 20 万～40 万株。由于机械化作业管理程度高，减轻了作业强度，减少了工作量。

（二）节省能源、种子和育苗场地

穴盘育苗采用干籽直播，一穴一粒节省种子。穴盘育苗集中，单位面积上育苗量比常规育苗量大，根据穴盘每盘的孔数不同，每公顷土地可育苗 315 万～1 260 万株。

（三）成本低

穴盘育苗与常规育苗比，成本可降低 30%～50%。

（四）便于规模化生产及管理

穴盘育苗采用标准化的机械设备，生产效率高，便于制定从基质混拌、装盘、播种、覆盖至浇水、施肥、打药等一系列作业的技术规程，形成规模化生产及管理。

（五）幼苗质量好，没有缓苗期

由于穴盘育苗的幼苗抗逆性强，定植时带坨移栽，缓苗快，成活率高。

（六）适合远距离运输

穴盘育苗是以轻基质无土材料作育苗基质，具有比重轻、保水能力强、根坨不易散，可保证运输当中不死苗等特点，适合远距离运输。穴盘苗重量轻，每株重量仅为 30～50 克，是常规苗的6%～10%。

（七）适合于机械化移栽

穴盘育苗移栽效率提高 4～5 倍，为蔬菜生产机械化开辟了广阔的前景。

（八）有利于规范化管理，提高商品苗质量

由于穴盘育苗采用工厂化、专业化生产方式，有利于推广优良品种，减少假冒伪劣种子的泛滥危害，提高商品苗质量。

第二节　穴盘育苗的设施设备

育苗设施设备可根据育苗要求、目的及自身条件综合加以考虑。对于大规模专业化育苗来说，育苗的设施设备应当是先进的、完整配套的。如工厂化穴盘育苗要求具有完备的育苗设施、设备和仪器及现代化的测控技术，一般在连栋温室内进行。而局部小面积的普通无土育苗，可因地制宜地选择育苗设备，主要在日光温室、塑料大棚等设施内进行。此外，根据条件也可设置其他育苗设备。主要育苗设施设备包括以下几类：

一、育苗场地

可选用连栋温室、全光照塑料大棚及节能型日光温室作为育苗场地。育苗温室在建造上应注意保温性能、透光性能以及夏季的降温性能。育苗温室在使用前要清除室内外的杂草，并进行消毒处理，每 667 米^2 温室用硫黄粉 3～5 千克加 50％敌敌畏乳油 0.5 千克熏蒸。

二、催芽室

催芽室是专供蔬菜种子催芽、出苗所使用的设备，要具备自动调温、调湿的能力。催芽室的体积根据育苗量确定，至少可容纳 1～2 辆育苗车或设多层育苗架，上下间距 15 厘米。室内设置增温设备，多采用地下增温式，在距地面 5 厘米处，安装 500 瓦电热丝两根，均匀固定分布在地面，上面盖上带孔铁板，以便热气上升。一般室内增温、增湿应设有控温、湿仪表，加以自控。室内设有自动喷雾调湿装置，在室内上部安装功率为 15～30 瓦的小型排风扇一台，使空气对流。

三、电热温床

电热温床是育苗的辅助加温设施，育苗过程中应用较多。在电源充足的地区，不论土壤育苗或基质育苗，电热温床是一种十分适用而方便的育苗设备。其组成主要包括床体、电热线、控温仪、控温继电器等。

四、育苗床架

育苗床架的作用，一是为育苗者作业方便；二是可以提高育苗盘的温度；三是可防止幼苗的根扎入地下，有利于根坨的形成；四是避免病害的发生及蔓延。

育苗床架分为固定式和可移动式，由床屉和支架两部分组成。床架南北放置，长宽高可根据实际需要而定，一般架高 80～100 厘米，架宽 115~120 厘米，长度按育苗场地大小而定。床架之间留宽 45~50 厘米人行道。

五、精量播种系统

精量播种系统的工作程序包括基质混拌、装盘、压穴、播种、覆盖、喷水等一系列作业。根据播种器的作业原理不同，精量播种机主要有两种类型，一种为机械转动式，另一种为真空气吸式。

机械转动式精量播种机对种子的形状要求极为严格，只有圆形种子才可直接播种，其他形状的种子需要进行丸粒化方能使用。

气吸式精量播种机分为全自动和半自动两种机型。气吸式精量播种机对种子形状要求不甚严格，种子可不进行丸粒化加工，但应注意不同粒径大小的种子，需配有相应的配件。

在选购精量播种机之前应从以下几方面进行考虑：

1. 投资规模　建立现代化的大型育苗场，可选择自动化程度高、播种速度快的精量播种机。

2. 育苗数量　大型育苗场可考虑用自动化程度较高的精量播种机，小型育苗场可考虑选择手动播种机。

3. 作物种类和机械性能　一些播种机对蔬菜种子具有选择性，有些种子可以用机械播种，有些种子不能用机械播种，在购置播种机之前一定要搞清楚播种机的机械性能和作业范围。

六、穴盘

目前国内常用的穴盘有 50 孔、72 孔、128 孔、200 孔、288 孔。在选用穴盘之前，对穴盘应该有所了解。

1. 孔穴的形状影响穴盘的容积　孔穴的形状分为圆锥体和方锥体，我国常用于蔬菜育苗的为方锥体穴盘。同样穴数的苗盘，方锥体比圆锥体容积大，因此可为根系提供较多的氧气和营养物质，有利于根系的生长。

2. 孔穴的深度影响孔穴中空气的含量　据美国资料报道，以273 孔穴盘为例：2.5 厘米深的穴盘其空气含量为 2.7%，5 厘米深的含量为 10%，空气含量提高了 7.3%，因此深盘较浅盘为幼苗提供了较多的氧气，促进了根系的生长发育。但是，选用深孔穴盘育苗应适当延长育苗期，以利于提苗。

3. 孔穴的大小 孔穴的大小即孔穴的营养体积影响幼苗的生长发育速度和植株早期产量。据试验结果证实，选用不同的穴盘，在相同日历苗龄条件下，由于植株根系的营养体积不同，植株生态表现及早期产量都有较大差异，但总产量无较大差异。小孔穴的穴盘因基质水分变化快，管理技术水平要求较高，反之大孔穴的穴盘管理较为容易。但由于孔穴数目差异，育相同株数苗，所需穴盘数目不一，成本也存在差异，故应根据作物种类及育苗时期合理选择穴盘。

七、基质

育苗基质的选择是穴盘育苗成功与否的关键因素之一，良好的育苗基质应具有透气性强、排水性和缓冲性好、盐基代换量较高，无虫卵、无草籽、无病原菌及质量轻、成本低的特点。目前主要有草炭、蛭石、珍珠岩，此外，蘑菇渣、腐叶土、处理后的酒糟、锯末、玉米芯等均可作为基质材料。

生产上常用的基质配比有以下几种：

①草炭：蛭石＝3：1 或 2：1。

②草炭：蛭石：珍珠岩＝2：1：1。

③草炭：椰糠：蛭石＝3：1：2。

④椰糠：蛭石＝2：1。

⑤草炭：蘑菇渣：蛭石＝1：1：1。

各地可根据当地资源进行就地取材。在配制基质时可根据不同的基质配比和不同的蔬菜种类掺入适量的肥料。

八、肥水供给系统

喷肥喷水设备是工厂化育苗必要设备之一，喷肥喷水设备的应用可以减轻劳动强度，提高劳动效率，操作简便，有利于实现自动化管理。此系统包括压力泵、加肥罐、管道、喷头等,喷头要求喷水量要均匀。

喷肥喷水设备可分为固定式和行走式两种。行走式喷肥喷水车要求行走速度平稳,又可分为悬挂式行走喷肥喷水车和轨道式行走喷肥喷水车。悬挂式行走喷肥喷水车比轨道式行走喷肥喷水车节省轨道占地,但是对温室骨架要求严格,必须结构合理、坚固耐用。固定式喷肥喷水设备是在苗床架上安装固定的管道和喷头。

在没有条件的地方,也可以利用自来水管或水泵,接上软管和喷头,进行水分的供给。需要喷肥时,在水管上安放加肥装置,利用虹吸作用,进行养分的供给。

第三节　蔬菜穴盘育苗技术

一、播种时间

应根据育苗的设施条件、育苗方法、蔬菜种类和品种、栽培方式及当地的自然环境条件等综合因素来确定适宜的播种期。在确定育苗播种时间之前,应先确定定植期,并根据当地定植时不同蔬菜苗的生理苗龄和日历苗龄向前推算即可得出播种日期。

二、种子处理

培育优质穴盘苗,除选择质优、抗病、丰产的品种,还需选用纯度高、洁净无杂质、籽粒饱满、高活力的种子。穴盘育苗采用精量播种,为了提高播种质量,促使种子萌发整齐一致,应选用种子发芽势大于90％以上的种子。未包衣的种子应进行种子处理,常用的种子消毒方法有温汤浸种法、药剂浸种法和粉剂拌种法等(表4-1)。

表 4 - 1　种子消毒方法与操作要领

主要方法	操作要领
温汤浸种法	用 55℃ 热水浸种 10 分钟，可促进种子吸水，并能杀灭种子表面的病菌
药液浸种法	1. 福尔马林浸种：用 100～300 倍的福尔马林浸种 15～30 分钟，可防治瓜类枯萎病、炭疽病、黑星，茄子黄萎病、绵腐病和菜豆炭疽病 2. 磷酸三钠浸种：10% 磷酸三钠溶液浸种 20～30 分钟，可防治病毒病 3. 多菌灵浸种：50% 多菌灵 500 倍液浸种 1～2 小时，可防治白菜白斑病、黑斑病、番茄早（晚）疫病，瓜类炭疽病和白粉病 4. 氢氧化钠浸种：2% 氢氧化钠水溶液浸种 10～30 分钟，可防治各种真菌病害和病毒病 5. 氯化钠浸种：用 4% 氯化钠 10～30 倍液浸种 30 分钟，可防治瓜类细菌性病害 6. 代森铵浸种：用 50% 代森铵 200～300 倍液浸种 20～30 分钟，可防治霜霉病、炭疽病、黑斑病 7. 高锰酸钾浸种：用 0.1% 高锰酸钾水溶液浸种 10～30 分钟，可减轻和控制茄果类蔬菜病毒病、早疫病 8. 甲基托布津浸种：用 0.1% 甲基托布津浸种 1 小时，取出再用清水浸种 2～3 小时，充分晾干后播种，可预防立枯病、霜霉病等真菌性病害 9. 农用链霉素浸种：用 1 000 万单位农用链霉素 300～500 倍液浸种 2～3 小时，可防治蔬菜细菌性病害和炭疽病、早（晚）疫病
粉剂拌种法	1. 克菌丹拌种：用 50% 克菌丹可湿性粉剂拌种，可防治茄子黄萎病、枯萎病、褐纹病，番茄叶霉病 2. 拌种双拌种：用拌种双可湿性粉剂拌种，可防治茄科蔬菜幼苗立枯病、白菜类猝倒病、冬瓜立枯病、豆类根腐病、甜瓜枯萎病、甘蓝根肿病、胡萝卜黑斑病和黑腐病等 3. 甲霜灵拌种：用 35% 甲霜灵可湿性粉剂拌种，可防治豆类、大葱、洋葱、十字花科蔬菜等的霜霉病

三、穴盘及苗龄的选择

(一)穴盘及苗龄的选择

穴盘的孔数多少要与苗龄大小相适应,才能满足幼苗生长发育需要的营养面积(表4-2)。

表4-2 各类蔬菜成苗标准及苗龄

蔬菜种类	穴盘规格(孔)	苗龄(天)	成苗标准
黄瓜	72	20～25	3叶1心
早春辣椒	72	40～45	7～8叶
夏辣椒	72	30～35	6～7叶
大茬茄子	72	45～50	5～6叶
番茄	72	25～30	4叶1心
早春西葫芦	50	15～20	3叶1心
秋延西葫芦	50	10～15	3叶1心
甜瓜	50	30～35	3叶1心
西瓜	50	25～30	3叶1心

(二)穴盘的清洗和消毒

新穴盘可以直接使用,使用过的穴盘一定要进行清洗和消毒。育苗后的穴盘应进行清洗和消毒。其方法是先清除穴盘中的剩余物质,用清水将穴盘冲洗干净,黏附在穴盘上较难冲洗的脏物,可用刷子刷干净。冲洗干净的穴盘可以扣着散放在苗床架上,以利于尽快将水控干,然后进行消毒。消毒方法如下:

1. 甲醛消毒法 将穴盘放进稀释100倍的40%甲醛溶液中(即1升甲醛加99升水),浸泡30分钟,取出晾干备用。

2. 漂白粉消毒法 将穴盘放进稀释100倍的漂白粉溶液中(即1千克漂白粉加99千克水),浸泡8～10小时,取出晾干备用。

3. 甲醛、高锰酸钾消毒法 将穴盘放入密闭的房间中,每立方米用40%甲醛30毫升,高锰酸钾15克。将高锰酸钾分放在罐头瓶中，倒入甲醛，然后密闭房间 24 小时。

四、装盘与播种

无土育苗多采用分格室的育苗穴盘，播种时每穴一粒种子，成苗时一室一株，因此要求播种技术十分严格。播种分为机械播种和手工播种两种方式。机械播种又分为全自动机械播种和半自动机械播种。全自动机械播种的作业程序包括装盘、压穴、播种、覆盖和喷水，在播种之前先调试好机器，并且进行保养，使各个工序运转正常，一穴一粒的准确率达到 95％ 以上就可以收到较好的播种质量。手工播种和半自动机械播种的区别在于播种时一种是手工点籽，另一种是机械播种，其他工作都是手工作业完成。手工作业程序如下：

1. 基质混合　按照上述常用基质配比混合配制基质，混合均匀后加入适量水，使基质含水量达到 40％～45％。基质过干或过湿均会影响种子发芽。

2. 基质消毒　喷施杀菌、杀虫剂或使用物理方法进行消毒。反复使用的基质消毒：一般采用 40％甲醛稀释 50～100 倍，均匀地喷洒在基质上，每立方米基质喷洒 10～20 千克，充分混合均匀后，盖上塑料薄膜闷 24 小时，然后揭掉薄膜，待药味散发后使用。

3. 装盘　将混合好的基质装入穴盘中，装满，用刮板刮平。特别是四角和四周的孔穴一定要装满，否则，基质深浅不一，播种深度不一致，幼苗出土不一致，生长不齐。基质装量多少不一，影响基质保水性和幼苗营养供给。

4. 压穴　装好的盘要进行压穴，以利于将种子播入其中，可用专门制作的压穴器压穴，也可将装好基质的穴盘垂直码放在一起，4～5 盘一摞，两手平放在盘上均匀下压至要求深度为止。

5. 播种　将种子点在压好穴的盘中，或用手动播种机播种，每穴一粒，避免漏播。一般是干籽播种适合于机械化播种育苗，同时应配套催芽室等保证发芽温度的温室设施。

6. 覆盖　播种后用混合好的基质覆盖穴盘，方法是将基质倒在穴盘上，用刮板刮去多余的基质，覆盖基质不要过厚，与格室相平为宜。

7. 浇水 播种覆盖后及时浇水，浇水一定要浇透，以穴盘底部的渗水口看到水滴为宜。低温期覆盖浇水之后穴盘表面覆盖地膜保温保湿。高温期还要用遮阳网或在地膜上覆盖纸被等遮光，防止烤苗。

五、苗期管理

（一）温度管理

温度是培育壮苗的基础条件，不同的蔬菜种类在不同的生长发育阶段，要求不同的温度条件。可采用变温管理模式，概括起来包含两方面内容：一是随着幼苗生长发育进程实行变温，即种子萌发阶段温度较高，出苗后温度降低，真叶出现后温度再适当升高，移栽前一周炼苗时再降低温度；二是随日周期实行变温，一般是白天温度高，夜间温度低，有利于促进光合作用，降低呼吸消耗和同化产物的运输。夜温控制是上半夜温度高于下半夜温度。

播后的催芽阶段是育苗期间温度最高的时期（表4-3），待60%以上种子拱土后，温度适当降低，但仍要维持较高水平，以保证出苗整齐；当幼苗2叶1心后适当降温，保持幼苗生长适温（表4-4）；成苗后定植前一周要再次降温炼苗，最低温度接近定植地，使秧苗适应定植后的田间气候条件（表4-5）。

表4-3　蔬菜种子萌发的土壤温度条件

蔬菜作物	最低温度（℃）	适宜温度（℃）	最适宜温度（℃）	最高温度（℃）
茄子	16.0	24～32	30	35
辣（甜）椒	15.5	18～32	29	35
番茄	10.0	15～30	29	35
黄瓜	16.0	16～33	30	35
甜瓜	15.5	24～35	32	38

（续）

蔬菜作物	最低温度（℃）	适宜温度（℃）	最适宜温度（℃）	最高温度（℃）
西葫芦	15.5	21～32	30	37
西瓜	15.5	21～35	32	38
甘蓝	4.5	7～29	24	38
花椰菜	4.5	7～29	24	38
芹菜	4.5	16～21	20	29
生菜	2.0	4～27	24	29

表4-4　蔬菜幼苗期温度管理标准

蔬菜种类	白天温度（℃）	夜间温度（℃）
茄子	25～28	18～20
辣（甜）椒	25～28	18～20
番茄	23～25	13～16
黄瓜	25～28	15～16
甜瓜	25～28	17～20
西葫芦	20～25	13～16
西瓜	25～30	17～20
甘蓝	18～22	12～16
花椰菜	18～22	12～16
芹菜	18～24	15～18
生菜	15～22	12～16

表 4-5　成苗期（包括炼苗期）温室温度管理指标

蔬菜作物	白天温度（℃）	夜间温度（℃）
茄子	20～28	10～18
辣（甜）椒	20～28	10～18
番茄	18～24	8～13
黄瓜	15～25	8～15
甜瓜	15～24	10～19
西葫芦	18～21	8～15
西瓜	15～24	10～18
甘蓝	16～21	8～12
花椰菜	16～21	8～12
芹菜	15～23	12～15
生菜	13～18	8～13

（二）水分管理

蔬菜苗期供水一定要均匀、平衡、精量。一般情况下，蔬菜幼苗发育可分为四个阶段：第一阶段是种子萌芽阶段，第二阶段是子叶及茎伸长阶段（展根阶段），第三阶段是真叶生长阶段，第四阶段是成苗健化阶段。每个阶段对水分的需求不一，第一阶段要求相对湿度维持在 95%～100%，有利于发芽；第二阶段相对湿度应降到 70% 左右，增加基质通气量，促进根系生长；第三阶段日供水量应随幼苗成长而增加，一般冬季每天洒水一次，夏季每天洒水 1～2 次；第四阶段适当控制水分，阴雨天少浇或不浇水，苗床边缘的穴盘或穴盘边缘的孔穴及幼苗易失水，因此，每次洒水要浇透，保持基质含水量在 70%～85%，尽量避免基质忽干忽湿（表 4-6）。

表4-6 不同生育阶段基质水分含量 [相对于最大持水量的百分比（%）]

蔬菜种类	播种至出苗	子叶展开至2叶1心	3叶1心至成苗
茄子	85～90	70～75	65～70
辣椒	85～90	70～75	65～70
番茄	75～85	65～70	60～65
黄瓜	85～90	75～80	75
芹菜	85～90	75～80	70～75
生菜	85～90	75～80	70～75
甘蓝	75～85	70～75	55～60

（三）营养施肥管理

因育苗基质中各种营养元素搭配合理，故幼苗期一般不需施肥，但应及时观察，根据苗态适当水肥促控，针对生长不良的幼苗，可喷施2～3次叶面肥，及时调整株型，改善生长条件，增强抗病和抗逆能力。如果幼苗叶色淡表现缺肥，可叶面喷肥。

（四）光照管理

光照影响着幼苗生长发育的质量，是培育壮苗不可缺少的因素。光照条件包括光照度和光照时数，二者对于幼苗的生长发育和秧苗质量有着很大的影响。蔬菜种类不同，对光照度的要求也不相同，瓜类比果类菜要求高，果类菜比叶类菜要求高（表4-7）。

表4-7 蔬菜的光饱和点和光补偿点（千勒克斯）

蔬菜种类	番茄	茄子	甜椒	黄瓜	西瓜	甜瓜	甘蓝	芹菜	莴苣	菜豆
光补偿点	2	2	1.5	2	4	3	2	2	1.5	1.5
光饱和点	70	40	30	55	80	55	40	45	25	25

幼苗对光照度的要求依蔬菜种类不同而不同，但基本要求在该种蔬菜的光饱和点以下，光补偿点以上，在这个范围内，当温度、CO_2 等环境条件适宜时，植物体的光合强度随着光照度的增加而增加。日照时间也影响着养分的积累和幼苗的花芽分化，正常条件

下，随着日照时间的增长，养分积累增加，利于花芽分化，秧苗素质提高。若幼苗长时间处于弱光的条件下，易形成徒长苗，植株高、茎细、叶片数降低，花芽分化推迟，整个幼苗素质下降。对于穴盘苗来说，由于单株营养面积相对较小，幼苗密度大，对光照度的要求更加严格。

　　光照条件直接影响秧苗的素质，秧苗干物质的 90%～95% 来自光合作用，而光合作用的强弱主要受光照条件的影响。冬春季日照时间短，自然光照弱，阴天时温室内光照度更弱。在目前温室内尚无能力进行人工补光的情况下，如果温度条件许可，争取早揭苫、晚盖苫，延长日照时间，阴雨雪天气，也应揭苫。选用防尘无滴膜作为覆盖材料，定期冲刷膜上灰尘，以保证秧苗对光照的需要。夏季育苗光照度超过了蔬菜光饱和点，要用遮阳网遮阴，达到降温防病、秧苗苗壮生长的目的。

（五）蔬菜苗期病虫害防治

　　尽管穴盘育苗采用无污染基质和良好的环境控制技术，但一些气传性病害和虫害也会有发生，常见病害有猝倒病、立枯病、早疫病、病毒病、黑斑病等，害虫有蚜虫、红蜘蛛、白粉虱、斑潜蝇等，防治方法见表 4-8。

表 4-8　蔬菜穴盘育苗病虫害防治方法

技术类别	操作方法	防治对象
消毒处理	喷施 50% 甲基托布津可湿性粉剂 1 000 倍液进行苗床消毒	真菌、细菌和病毒性病害
物理措施	覆盖防虫网，悬挂黄板，设置诱杀灯等	多数害虫
化学措施	50% 扑海因可湿性粉剂 1 500 倍液，或 75% 百菌清 600 倍液，或 50% 速克灵 1 500 倍液喷雾防治	番茄早疫病
	1.5% 植病灵 1 000 倍液，或 20% 病毒 A 500 倍液，或病毒 K 1 200 倍液，或抗病威 800 倍液喷雾防治	病毒病

（续）

技术类别	操作方法	防治对象
化学措施	50%多菌灵可湿性粉剂，或50%炭疽福美500倍液喷雾防治	黄瓜、白菜、辣椒炭疽病
	58%甲霜灵·锰锌可湿性粉剂500倍液，或64%杀毒矾可湿性粉剂600倍液，或75%百菌清可湿性粉剂500倍液喷雾防治	霜霉病
	50%多菌灵或50%甲基托布津可湿性粉剂600倍液，随水施入根际	瓜类灰霉病、豆类枯萎病
	40%绿菜宝1 000倍液、1.8%虫螨克3 000倍液、25%斑潜净乳油1 900倍液喷雾防治	斑潜蝇、红蜘蛛
	10%吡虫啉可湿性粉剂3 000倍液喷雾防治	蚜虫

（六）炼苗

定植前1～2周加大通风量，去除遮阳网，减少灌水量，适当降低温度，增加光照度，使幼苗适应田间定植环境，提高抗逆性（表4-9）。

表4-9　各类蔬菜炼苗温度及时间

蔬菜种类	炼苗温度（℃）	炼苗时间（天）
辣椒	15～18	7
茄子	18～21	7
番茄	15～18	7
黄瓜	18～21	7
生菜	7～13	7～10
甘蓝类	7～13	7～10

第四节 育苗中常见的问题和解决办法

一、播种至出苗阶段易出现的问题和解决办法

（一）催芽不发芽

催芽后种子不发芽有以下四个方面的原因：一是催芽前未经发芽试验，由于种子存放年限太长或种子未熟先采收等原因，种子丧失或没有发芽能力；二是催芽方法不对，催芽时烫种温度过高将种子烫死，或种子未经揉搓，再加之催芽时水分过大，种子处于水浸状态，又不经常淘洗，种子外表黏液多使种子缺氧而影响发芽，如黑籽南瓜，特别容易发生上述现象；三是催芽时温度太低，长期浸泡使种子腐烂为"浆包"；四是催芽时间不够，种子吸水不足，不易发芽，如茄子砧木托鲁巴姆很容易发生此现象，一般要浸种 36 小时以上。如遇种子催芽不出芽现象，应立即找出原因克服，或立即换种重新催芽。

（二）不出苗

蔬菜种子经过发芽试验播种后都能发芽。但有时播种后地温较低或过高如超过 38℃或低于 15℃、播种时苗床较干、基质肥料太多、底水没浇透、药土或药水浓度过大、床土持水量太高等原因，都会造成种子不出苗。解决不出苗的办法是：在规定的时间内如不出苗，应先检查种子和基质，如种子已腐烂或已烂芽，应重新播种；基质过干，应补浇水；基质过湿，减少浇水次数，覆膜的穴盘要撤去上面的膜，蒸发掉一部分水分；控温仪失灵，则要进行调修；气温太低，要想方设法增加覆盖物；夏季育苗气温太高，要增加遮阳网。

（三）出苗不齐

育苗中出苗不齐的情况有两种：一是出苗的时间不一致，早出的苗或迟出的苗相隔的时间太长；另一种是在同一苗床内，有的穴盘内出苗多而齐，有的穴盘出苗过少。这两种情况都会给管理带来困难。造成出苗不齐的原因，主要有以下几种：

（1）种子发芽势强弱不一，造成出苗时间不一致。发芽势强的出苗快，发芽势弱的出苗慢。

（2）覆盖厚度不一致。覆盖厚的出苗迟，覆盖薄的出苗快。

（3）浇水不匀。浇水适宜的出苗快，浇水少或过多的出苗慢。

防止出苗不齐的方法有：采用发芽率高、发芽势强的种子；进行催芽播种；播种、覆盖、浇水尽量做到均匀一致。并在第一片真叶展开时，抓紧将缺苗补齐。在寒冷季节育苗，可先将种子播在288 孔穴盘内，当小苗长至 1～2 片真叶时，移至 72 孔穴盘内，这样可提高前期温室有效利用率，减少能耗。

（四）幼苗"戴帽"

产生幼苗"戴帽"的原因有：基质表面过干，使种皮发硬不易脱落；覆盖太薄，种皮受压太轻，使子叶带壳出苗；瓜菜类蔬菜种子播种时，种子没有平放，种皮吸水不均匀难以脱落最易造成"戴帽"现象。

及时解决幼苗"戴帽"，对加快子叶平展，迅速进行光合作用极为重要。主要解决办法是：播种时覆盖的基质必须在 1 厘米左右，不能太薄。覆盖后要用喷壶浇一次水，使基质表层湿润。刚出土的小苗，如有"戴帽"现象，可用喷壶洒些温水，或撒些湿润的细土，以增加湿度，帮助幼苗脱壳。少量顶壳的可用人工调开或去掉。瓜菜类蔬菜种子播种时，应将种子放平，使种皮吸水均匀，便于脱壳。

二、成苗阶段易出现的问题和解决办法

（一）闪苗

闪苗是由于环境条件突然改变而造成的叶片凋萎、干枯现象。这种现象在整个苗期都可发生，而尤以定植前最为严重。闪苗与苗质、温度、空气湿度都有关系，如果幼苗在苗床内长期不进行通风，苗床内温度较高，湿度较大，幼苗生长幼嫩，这时突然通风，外界温度较低，空气干燥，幼苗会因突然失水出现凋萎现象，进而由于叶细胞突然失水，很难恢复，轻者使叶片边缘或叶脉之间叶肉

组织干枯，叶片像火燎一般，重者整个叶片干枯。

避免闪苗首先要培养壮苗，幼苗经常通风，叶片厚实、浓绿，一般不会出现闪苗现象。另外即便幼苗幼嫩或稍有徒长，只要坚持由小到大逐渐通风锻炼，幼苗逐渐壮实，也可避免闪苗现象。万一揭开覆盖物后发现幼苗有凋萎现象，要立即把覆盖物盖好，短时凋萎还能恢复，这样反复揭盖几次，再大揭或撤掉覆盖物。冬季如在日光温室中育苗，闪苗现象发生不多，但春季温室育苗或早春小拱棚育苗很容易发生此现象。

（二）倒苗

秧苗生长瘦弱，茎叶柔嫩，体内干物质少，表面角质层不发达，秧苗发生软化；感染病害，根茎处收缩，引起秧苗折倒。这些现象都称为倒苗。造成倒苗的原因有两方面：一方面是因管理不当引起的倒苗，如播种过密、出苗后不及时揭膜，致使幼苗软化；高温高湿、阳光不足，幼苗生长瘦弱，或长期阴雨后突然强光照射，引起倒苗。另一方面是病菌感染，在温湿度适宜条件下，诱发猝倒病、立枯苗、瓜类枯萎病而引起倒苗。

从蔬菜种类来看，茄子、辣椒苗娇嫩，含水量多，抗性强，如温湿度过高，倒苗尤为严重。瓜菜类蔬菜秧苗的倒苗多发生在成苗阶段。番茄抗性强，对温湿度要求不严，倒苗则少。

防止倒苗的措施：掌握好出苗的标准，防止幼苗徒长。气温不能过高，白天不超过 20～28℃，夜间不超过 15～20℃；床的持水量控制在 60%～70%；多照阳光，加强光合作用；及时通风，降低温度尤其是夜间温度；阴雨雪天不浇水施肥。阴天白天照常揭去草帘，保持床内适度干燥，剔出病苗，喷药保护。

（三）徒长苗

秧苗徒长是育苗中常见的现象。徒长苗的茎长、节疏、叶薄、色淡绿、组织柔嫩、须根少。由于根系少，吸收能力差，而茎叶柔嫩，表面角质层不发达，故水分蒸腾量大，这是徒长苗定植后容易萎蔫的主要原因。徒长苗的干物质含量少，故根系发生慢，定植后不易成活。徒长苗抗性差，易受冻和遭受病菌侵染。由于营养不良，花芽形成和发育都比较慢，因此用徒长苗定植不易达到早熟丰产。

造成徒长苗的原因，主要是由于密度过大，不及时间苗、分苗，致使秧苗发生拥挤，相邻植株的枝叶互相遮阴，光照不足，不能很好地进行光合作用，体内干物质含量少；高温、高湿、尤其是高夜温，使呼吸作用加强，消耗的养料更多，体内干物质含量减少，幼苗也易徒长；育苗基质中氮肥与水分过多，幼苗也易徒长；夏季育苗时为了降低光照度与白天温度，过度遮阴，造成高夜温、弱光照，也易造成徒长。

防止徒长的措施有以下几点：

（1）防止秧苗拥挤，增加光照。

（2）加强通风，降低床温和基质湿度，尤其要降低夜温。

（3）夏季育苗遮阴，早、晚不遮阴，中午适度遮阴。

（4）辣椒等易徒长的蔬菜，在子叶出土至真叶吐心时，适当控制水分。

（5）基质中氮肥用量要适宜。

（6）定植前要做好炼苗工作。

（四）叶子边缘上卷发白即"镶白边"或带斑点

这种现象是由通风过猛、降温太快、温度太低造成的。在温度较低的情况下进行通风换气时要注意以下四点：一是通风口要开向暖风的面，避免冷风直接吹进苗床；二是通风换气时间选在中午温度高时进行；三是给苗床适当加温；四是最初通风时最好在通风口设置挡风帘，避免冷风直接吹到幼苗上，过几天后再撤去挡风帘。

浇灌营养液或喷施农药时，浓度过大或施用量较大，也会产生"镶白边"或带斑点，基质缺水严重、强光照及蚜虫或螨类危害时也会产生叶子边缘上卷的现象。

（五）出苗后幼苗不长或生长缓慢（老化苗）

幼苗在正常生长情况下子叶 8 天完全展开，30～45 天 4 叶 1 心。如黄瓜出苗后达到子叶平展时，子叶很小或 30～45 天达到 4 叶 1 心时真叶又很小，属不正常现象。其主要原因是根系发育不好，根尖发黄，有的甚至烂掉，很少发生侧根。造成上述现象的主要原因如下：

（1）种子在催芽后，遇到短暂40℃的高温，播种后主根停止伸张，侧根生长受到抑制且生长晚，速度也慢，一旦侧根生出后，生长就恢复正常。

（2）基质湿度过大或湿度过小，都会影响根系发育。

（3）地温特别低，较长时间在15℃以下徘徊。

（4）基质中有机肥少，无机质过多，营养不良。

（5）施入了未腐熟的有机肥。

（6）营养液浓度过大。

出现幼苗生长受阻，就要及时查清原因，采取相应的措施，然后喷施一定量的赤霉素溶液。如仍不能很快恢复生长，要及时倒坨。

（六）烂根或根系发育不良的现象

根系发育不好甚至有烂根现象是由于基质通气不良造成的。如果基质选择与使用上没有问题，就可能是供液量过大造成的，即多数是在盘（床）底长期出现积液时，根系泡在水中或营养液中时间较长就容易烂根或根系发锈而发育不良。这种现象尤其在应用吸湿性强的基质育苗时更易发生，如岩棉块育苗、炭化稻壳育苗等。因此，采用这些基质育苗时更应该注意水肥的控制。

第五节　主要蔬菜嫁接育苗技术

一、嫁接育苗的优点及影响成活率的因素

（一）嫁接育苗的优点

嫁接育苗和常规育苗相比，有如下几方面的优点：

（1）在重茬地块栽培嫁接苗，可有效地防止枯萎病、黄萎病、青枯病等土传性病害发生，对生产无公害蔬菜有十分重要的应用价值。

（2）根系发达，生长旺盛，根系抗低温能力和其他抗逆力增

强，有利于日光温室越冬茬蔬菜生产。

（3）植株长势强，延长生育期，可大幅度地提高产量和产值。

（二）影响嫁接成活率的因素

嫁接育苗有一定难度，但影响嫁接苗成活的因素主要有以下几个方面：

（1）接穗与砧木的亲和能力，即接穗与砧木嫁接以后，正常愈合及生长发育的能力，这是嫁接育苗成活最基本的条件。嫁接亲和力的强弱与接穗和砧木亲缘关系的远近有关，亲缘关系近，亲和力较强；亲缘关系较远，亲和力较弱。

（2）接穗与砧木的生活力。幼苗健壮，发育良好，其生活力强，嫁接容易成活；弱苗、徒长苗生活力弱，嫁接不易成活。

（3）环境条件的影响。温度、湿度、光照等对嫁接成活率也有较大影响。比如温度过低或过高、遮阴过重等都会影响愈伤组织的形成，降低成活率。

（4）嫁接技术的高低和嫁接后管理水平也会影响成活率。

二、接穗与砧木选择原则

1. 接穗选择　接穗的正确与否在很大程度上决定了熟性和产量的高低。各地应根据当地生态条件、栽培季节、种植方式、砧木品种，选择适应于当地栽培的品种。

2. 砧木选择　砧木选择是嫁接成功与否的关键，优良的砧木应具备下列四个条件：第一，必须与接穗有较高的亲和力；第二，对土传性病害具有免疫性或较高抗性；第三，对某些不良条件有较强的抗逆性，或能明显增产和改善产品品质、提早成熟；第四，嫁接后不能降低蔬菜原有的品质。

三、瓜类嫁接育苗

（一）插接法

1. 播种期　瓠瓜砧木比接穗早播 6～7 天；南瓜砧木比接穗早播 3～4 天。当瓠瓜第一片真叶展开时，接穗子叶也已发足，此时进行嫁接。

2. 插接方法 嫁接时去掉砧木的真叶和生长点，将竹签从心叶处斜插入 1 厘米左右深，并使砧木下胚轴表皮划出轻微裂口，然后将接穗斜削一刀，长度 1 厘米左右，将接穗插入砧木，接穗创伤面和砧木大斜面相互密接。选择的竹签斜面粗度应与接穗下胚轴粗度一致。

（二）断根嫁接法

将砧木苗沿基部切断，如果下胚轴过高，也可以根据植株的高度，将地上部的茎多切除一些，然后除去砧木的真叶和生长点，再用与接穗茎粗细一致的竹签从心叶处向下斜插一深 1 厘米左右的斜面，然后将接穗斜削一刀，长度 1 厘米左右，将削好的接穗插入砧木，接穗创伤面和砧木大斜面相互密接，然后插入预先准备好的 50 孔穴盘中。

（三）劈接法

1. 播种期 砧木比接穗早播 6～7 天。取健壮砧木苗，除去其真叶和生长点，沿纵轴一侧垂直下劈 1～1.5 厘米深。

2. 劈接方法 将接穗胚轴削成楔形，插入砧木中，使接穗和砧木创伤面紧密结合。用嫁接夹固定，成活后去掉嫁接夹。

（四）靠接法

1. 播种期 砧木比接穗晚播 4～6 天。当砧木和接穗子叶发足，真叶露出时进行靠接。

2. 靠接方法 取大小、粗细相近的砧木、接穗苗，除去砧木的真叶和生长点，在砧木下胚轴子叶下 1 厘米处向下斜切一刀，深及胚轴 2/5～1/2，然后在接穗相应部位斜向上切一刀，将接穗和砧木结合部用嫁接夹固定。嫁接后，砧木、接穗同时移入穴盘，相距约 1.0 厘米，成活后切除接穗的根。接口应距地面约 3 厘米以免接穗发生自根。嫁接 10～15 天后去掉嫁接夹。

（五）贴接法

1. 播种期 砧木比接穗晚播 4～6 天。嫁接时间同靠接。

2. 贴接方法 取大小、粗细相近的砧木接穗苗，将砧木苗从心叶处向下斜切一刀，除去砧木生长点及一片子叶，长度 1～1.5 厘米，然后将接穗在子叶下 1～1.5 厘米处斜削一刀，长度 1～1.5 厘米，将接穗和砧木结合部用嫁接夹固定。

四、茄果类主要蔬菜嫁接育苗方法

（一）劈接法

1. 茄子劈接

（1）播种期 冬春季嫁接砧木播种期比接穗播种期早 30～40 天。夏季嫁接砧木比接穗早播 20 天左右。根据定植期确定砧木和接穗的播期。

（2）劈接方法 当砧木具有 6～7 片真叶，接穗具有 5～6 片真叶时进行嫁接。在砧木第二片真叶上方平切一刀，然后在砧木茎中间垂直切入 1 厘米深。将接穗茄苗保留 2～3 片真叶，削成 1 厘米长的楔形，楔形大小与砧木切口相当，随即将接穗插入砧木的切口中，将接穗和砧木结合部用嫁接夹固定。

2. 番茄劈接

（1）播种期 砧木和接穗同时播种。当砧木和接穗具有 5～6 片真叶时进行嫁接。

（2）劈接方法 参照茄子劈接方法。

3. 辣椒劈接

（1）播种期 砧木比接穗早播 15 天左右。

（2）劈接方法 当砧木长到 5～7 片真叶、接穗长到 4～6 片真叶时即可嫁接。方法参照茄子嫁接方法。

（二）贴接法

1. 茄子贴接

（1）播种期 冬春季嫁接砧木播种期比接穗播种期早 30～40 天。夏季嫁接砧木比接穗早播 20 天左右。根据定植期确定砧木和接穗的播期。

（2）贴接方法 当砧木具有 5～6 片真叶，接穗具有 4～5 片真叶时进行嫁接。在砧木第二片真叶上方斜削一刀，斜面长 0.8 厘米左右；将接穗苗上部保留 2～3 片真叶，向下方斜削一刀；将两个斜面迅速贴合到一起，对齐后用嫁接夹固定。

2. 番茄贴接

(1) 播种期　砧木和接穗同时播种。贴接方法：当砧木和接穗具有 5～6 片真叶时进行嫁接。

(2) 贴接方法　参照茄子贴接法。

五、嫁接后的管理

(一) 温度管理

冬春季嫁接要注意保温，夏季要注意降温。

1. 瓜类嫁接后的温度管理　嫁接后 1～3 天白天温度控制在 28～30℃，夜间控制在 23～25℃，地温 20～23℃，冬春季气温低时要进行加温，秋季气温高时要进行降温，促进愈合。嫁接后 4～6 天嫁接苗愈合，心叶萌动，白天温度控制在 26～28℃，夜间控制在 20～22℃，嫁接成活后按照常规温度管理方法进行管理。

2. 茄子嫁接后的温度管理　白天温度控制在 25～30℃，夜间控制在 17～20℃，地温在 25℃左右。第四天开始逐渐降低温度，白天 23～26℃，夜间 16～18℃。

3. 番茄嫁接后的温度管理　嫁接后 1～3 天白天温度在 25～27℃，夜间 17～20℃，地温 20℃左右；第四天开始逐渐降低温度，白天 23～26℃，夜间 15～18℃。

4. 辣椒嫁接后的温度管理　嫁接后 1～3 天白天保持 28～30℃，夜间保持 18～20℃，地温 25℃左右。3 天后逐渐降低温度，白天温度控制在 25～27℃，夜间控制在 17～20℃。

(二) 湿度管理

嫁接后 3 天内保持 95％以上的棚内湿度，3 天后逐渐降低棚内湿度，7 天后根据秧苗成活情况恢复常规管理。

(三) 光照管理

嫁接后前 3 天进行遮光，以后逐渐延长见光时间，以见光后不萎蔫为标准。

（四）通风管理

嫁接后2~3天苗床保温、保湿，不必进行通风。3天后可在苗床两侧上部稍加通风，通风时间为早晨和傍晚各半小时，以降低温度、湿度。以后每天增加0.5~1小时。到第六至七天中午太阳光照强、接穗子叶有些萎蔫时，再短暂遮阴。如没有萎蔫现象就可把遮阴物全部撤掉。第八天后，接穗长出真叶，可进行苗期正常管理。

（五）抹除砧木腋芽

砧木子叶间长出的腋芽要及时抹除，以免影响接穗生长，但不可伤害砧木的子叶。即使是亲和力最好的嫁接苗，若砧木子叶受损，前期生长受阻，进而会影响后期开花坐果，严重时会形成僵苗。因此在取苗、嫁接、放入苗床、定植等操作过程中均应小心保护秧苗子叶。

（六）病害防治

嫁接后幼苗处在高温、高湿、弱光的条件下，容易诱发病害。嫁接后根据苗情可选择喷洒72.2%普力克水剂500倍液、80%代森锰锌可湿性粉剂500倍液、70%甲基托布津可湿性粉剂800倍液、农用链霉素400万单位、15%粉锈宁可湿性粉剂1 000~1 500倍液等药剂防治病害。发现虫害可选用相应的杀虫剂杀灭。

六、嫁接育苗需要注意的问题

（一）严格消毒制度

覆盖用薄膜应清洁无污染，嫁接用的所有器具必须严格消毒，嫁接切口要一刀成型，并保持嫁接区清洁无菌。

（二）选择适宜的砧木品种

选用砧木时，不仅要选择抗病性强的品种，也要注意砧木和接穗的亲和力。

（三）酌情更换砧木

由于土壤病原菌容易产生新的变异，需要酌情筛选更替新的砧木。

第五章

非耕地日光温室主要蔬菜生产技术

第一节　茄果类蔬菜生产技术

一、茄子生产技术

（一）茄子的特征特性及对环境的适应性

茄子喜欢较高的温度，生长发育期间的适宜温度为 20～30℃，结果期间为 25～30℃。在 17℃ 以下低温或 35℃ 以上高温情况下，生长缓慢，花芽分化延迟，果实生长发育受到阻碍，落花落果严重；温度低于 10℃，出现代谢紊乱，甚至植株停止生长，5℃ 以下发生冻害。

茄子对日照长短反应不敏感，光照时间从 4 小时到 24 小时花芽都可以分化，但长日照使幼苗生长旺盛，花芽分化早，开花提前，12～24 小时的光照对植株的影响差异不大，但全天光照则使子叶变黄或植株下部叶片脱落。茄子对光照度要求较高，光饱和点为 40 000 勒克斯，属光饱和点低的果菜，但在弱光下植株生长缓慢，产量降低，并且色素不易形成，尤其是紫色品种更为明显。

茄子喜湿怕涝、不耐旱。由于茄子分枝多，叶片大而蒸腾作用强，根际湿度控制在 65%～80% 较为适宜，空气湿度调整在 60%～75% 为宜，生长期间应科学调控水分供应。

茄子以幼嫩浆果为产品，对氮肥需求量大，钾肥次之，磷肥最少，生育期间易出现缺镁症状，应引起注意，同时要及时叶面喷施微量元素肥料。

（二）栽培茬口

1. 冬春茬　11 月中旬播种育苗，翌年 2 月上旬移栽定植，3 月下旬开始上市，6 月下旬拉秧或 8 月下旬平茬。

2. 越冬一大茬　7 月中旬播种育苗，9 月上旬移栽定植，10 月下旬开始上市，翌年 6 月下旬拉秧或 8 月下旬平茬。

（三）品种选择

选用抗病虫、抗逆性强的优良品种。各地应根据消费习惯选择茄子的果形和色泽。越冬茬一般选用耐低温、耐弱光，果实膨大速度快的品种，如新杂圆 2 号、新杂圆 3 号、茄杂 12、布利塔、尼罗等；冬春茬宜选用圆杂 16、京茄 3 号、农大 601 等。

（四）栽培技术

1. 育苗技术　不同地区、不同茬口、不同的棚室种植模式，可根据育苗时间、经济条件和生产习惯酌情选择育苗方式，穴盘育苗见本书第四章。

2. 定植前准备

（1）栽培基质的发酵　一座 50 米长的日光温室，准备约 5 亩地玉米秸秆（虚方约 60 米³，发酵好约 15 米³），菇渣 5～8 米³、鸡粪 3 米³、牛粪 5～8 米³、炉渣 10～12 米³（过筛）。将玉米秆粉碎后与菇渣、鸡粪等有机物混合用水浸湿（含水 80％以上），每立方米基质中加入过磷酸钙 3 千克（含量 16％以上）调节酸碱度，堆成 1.5 米高、3～4 米宽的堆，上盖塑料膜进行高温发酵，每 7～10 天翻料一次，并根据干湿程度补充水分，当料充分变细，无异味时料即发好。然后将发好的有机料与过筛的炉渣按 6：4～7：3 的比例混合配制，另外还可在混合料中加入 1～2 米³ 洁净的河沙，增强保水性。根据混合料总量，每立方米基质料中加入有机生态添加肥 1.5 千克、硫酸钾复合肥 0.5 千克作底肥，敌百虫原粉 20 克、50％多菌灵可湿性粉剂 20 克，掺混均匀堆闷 3 天后装料，如果是重复使用的基质，定植之前须添加发酵好的鸡粪、牛粪，将槽装满，并按每立方米基质加入硫酸钾复合肥 1 千克、过磷酸钙 0.5 千克作底肥。

（2）栽培设施建造

①栽培槽。茄子一般采用地下式栽培槽，建槽前一周，清除田间杂草等，整平地面，浇一次大水泡地，等能下地后按技术参数进行建槽，槽内径 60 厘米、槽深 25～30 厘米、槽长 6.5～10 米、槽间距 80 厘米，南北方向延长，北高南低，底部倾斜 2°～5°，槽底开 U 形槽，槽底及四壁铺 0.1 毫米厚的薄膜与土壤隔离。在槽间南端每两槽间挖一深 50 厘米、直径 30 厘米的排水坑，排除多余水分，槽间走道铺膜或细沙与土壤隔离。

②供水系统。建造半地下式蓄水池，安装微喷滴灌设施，每槽内铺设 2 根滴灌带，在滴灌带上盖一层 0.1 毫米厚的塑料膜，在定苗的位置开口，膜可重复使用多年，但不能用地膜代替，地膜会黏附在滴灌带上而堵塞出水孔，膜的宽度与栽培槽宽一致。

③消毒处理。定植前半月装好基质并准备好栽培系统，用水浇透栽培基质，并用 0.1％高锰酸钾喷洒架材、墙壁、栽培料，放风口设置 40 目防虫网，然后密闭温室进行高温闷棚 10～15 天。

3. 定植　采用双行错位定植，同行株距 45～50 厘米，保持植株基部距同部位栽培槽边 10 厘米，苗坨低于栽培面 1 厘米左右。边定植边浇水。定植穴浇灌移栽灵或恩益碧（NEB）溶液，定植后一周，观察植株长势及气温以决定在滴灌上铺膜。

4. 定植后管理

（1）温度、光照管理　幼苗期生长适温为白天 25～30℃，夜间 16～20℃；开花结果期的最适温度为白天 25～30℃，夜间 15～20℃。在深冬季节，最低温度不能低于 13℃，遇到极端低温，可在保温帘上加盖一层棚膜，可提高室温 2～3℃，并勤擦洗棚膜，在后墙张挂反光幕来增强光照；夏秋季节进行适当的遮阴和叶面喷水降温。

（2）水分管理　浇水量必须根据气候变化和植株大小进行调整，冬春季节晴天隔日浇一次水，阴天每 3～4 天浇一次水；2 月气温回升后晴天每天浇一次水，阴天隔一天浇一次水；浇水在早晨进行，每次 10～15 分钟。

（3）施肥　定植 20 天后开始追肥，但同时要注意植株长势，一般在对茄瞪眼时，追第一次肥，以后每隔 10～15 天追肥一次。追肥时，将有机生态无土栽培专用肥与大三元复合肥按 6：4 混合，每 100 千克混合肥中另加入磷酸二氢钾 2 千克、硫酸钾复合肥 3 千克。在结果前期每株追肥约 17 克，结果盛期每株追肥约 20 克，将肥料均匀埋施在距植株根部 5 厘米以外的范围内，从结果盛期开始，叶面补充磷酸二氢钾等肥料。

（4）植株调整　采用层梯互控方法整枝，即门茄以下留一个侧枝，门茄以上留 2 个侧枝，以后根据侧枝的开张角度，共选留 4 个侧枝进行层梯互控方式生长结果。

门茄坐果后，适当摘除基部 1～2 片老叶、黄叶，门茄采收后，将门茄下叶片全部打掉，以后每个果实下只留 2 片叶，其他多余的侧枝及叶片全部摘除，当选留的侧枝生长点变细，花蕾变小时，及时掐头，促发下部侧枝开花结果；当茄子出现早衰或歇秧时，及时打去老叶，7～8 天后，新叶就可发出，并继续生长结果，若植株生长过高，对茄子侧枝进行高秆平茬，这样可延长茄子采收期。生产周期结束后，根据植株长势，进行拉秧或平茬再生栽培（一般 8 月下旬和 10 月上旬平茬）。

（5）保花保果　为了提高坐果率，防止低温或高温引起的落花和产生畸形果，可在开花前后 2 天内，用 0.1％2,4-滴每毫升加水 400～650 克，涂抹花柄，温度高时取上限，温度低时取下限，深冬季节还可在每 500 毫升蘸花液中加入 1～2 毫升赤霉素，以防止僵果、裂果的出现。

（6）气体调节　由于在寒冷季节减少了通风时间和次数，温室内 CO_2 的含量不足，影响了植株的光合作用。因此，必须在温室内补充 CO_2 气肥来保证植株的正常生长，可采用双微 CO_2 气肥，每平方米使用 1 粒，埋入走道两侧 5～10 厘米深处，每 667 米² 一次使用 7 千克，可在 30～35 天内不断释放 CO_2 气体；也可采用稀硫酸加碳酸氢铵的办法进行 CO_2 施肥。

5. 适时采收　一般开花后 20～25 天即可采收。门茄可适当早收，在萼片与果实相连处的环状带变化不明显或消淡时，表明果实停止生长，这时采收产量和品质较好。

二、辣椒生产技术

（一）辣椒的特征特性及对环境的适应性

辣椒为茄科一年生或多年生草本植物，辣椒属于喜温蔬菜。种子发芽适宜温度为 25～30℃，需 3～5 天即可发芽。幼苗期生长适宜温度为 20～25℃，温度高于 25℃时幼苗生长迅速，易形成徒长的弱苗，不利于培育壮苗。开花结果时期要求白天温度 22～27℃，夜间温度 15～20℃。低于 10℃时，难于授粉，易引起落花、落果。高于 30℃时，花器发育不全或柱头干枯不能受精而落花。

辣椒在茄果类蔬菜中是比较耐旱的。一般大型果品种需水量较大，小型果品种需水量小。在幼苗期需水量少，保持基质湿润即可。从初花期开始，植株生长量增加，需水量随之增多，特别在果实膨大期开始，需要充足的水分，基质的相对湿度需保持在 75%～80%。反之水分不足有碍于果实膨大和植株生长发育，引起落花落果和畸形果增多。

辣椒对光照的要求较高，全生育期需要良好的光照条件，在 10～12 小时日照下开花结果良好，对光照度要求中等，光照过强易引起日灼病，光合作用的饱和点为 30 000 勒克斯，光补偿点为 1 500 勒克斯，光照不足，会造成幼苗节间伸长，植株生长发育不良，落花落果严重。

（二）栽培茬口

1. 秋冬茬 7 月上旬播种育苗，8 月下旬或 9 月上旬定植，11 月中下旬上市。

2. 冬春茬 11 月中下旬播种育苗，翌年 1 月下旬定植，3 月中下旬上市。

（三）品种选择

1. 辣椒 越冬栽培要求对低温、弱光适应性强，早熟，耐湿，抗疫病、炭疽病。可选择洛椒 98A、苏椒 5 号、福湘碧秀等品种。

早春茬要求早熟，耐低温、弱光照，耐湿，果皮皱，皮薄，坐果集中，抗疫病等。可选择苏椒 5 号、农大 301 等品种。

2. 甜椒 温室长季节栽培，秋—冬—春种植，生长、采收期长，要求品种耐早衰、抗病性好（抗病毒病、疫病、根结线虫病等），植株顶端生长势强、分枝少，连续坐果性强，果实商品性好、商品率高。可选用的品种有红罗丹、曼迪、塔兰多等。

（四）栽培技术

1. 育苗技术 不同地区、不同茬口、不同的棚室种植模式，可根据育苗时间、经济条件和生产习惯酌情选择育苗方式，穴盘育苗见本书第四章。

2. 定植前准备 参考茄子栽培技术。

3. 定植 基质温度达到 12℃ 以上时进行定植，每个栽培槽定植两行，丁字形定植，同行株距 50～55 厘米。

4. 定植后管理 根据辣椒喜温、喜水、喜肥及高温易得病，低温易落果，水涝易死秧，肥多易烧根的特点，在整个生长期内不同阶段有不同的管理要求，定植后至采收前以促根促秧为主，开始采收至盛果期以促秧攻果为主，后期要加强肥水管理以夺取高产。

（1）温度、光照管理 采收前室内白天温度保持在 20～25℃，采收期内白天 22～27℃，夜间保持 14℃ 以上，昼夜温差 10℃ 左右。深冬季节应经常擦洗棚膜，坚持早拉晚放草帘，尽量延长光照时间。

（2）水肥管理 浇水量必须根据气候变化和植株大小进行调整，一般定植后 3～5 天开始浇水，一般在 9：00～10：00 进行浇水，根据基质湿度和植株长势情况每次浇水 15 分钟左右，高温季节在 16：00 以后补浇一次，阴天停止浇水或少浇。

追肥配比为专用肥 100 千克、尿素 25 千克、硫酸钾复合肥 10 千克、微肥 1.5 千克，定植后 20 天结合浇水进行追肥，此后每隔 10～15 天追肥一次，将肥料均匀埋施在离根 5 厘米以外的基质内，每株 10 克，结果后 10 天追肥一次，最大量 20 克/株。

（3）**通风排湿** 当室内温度达到25℃以上时进行通风，一是可以降低温室内相对湿度，降低病害的发生；二是可以增加温室内二氧化碳（CO_2）浓度，有利于作物的光合作用。

（4）**植株整理** 辣椒整枝一般采用双干或三干整枝，株高达到50厘米左右时进行吊枝，每株保持4个生长枝结果，待植株长到1.2米以上时一般不再整枝。

5. 适时采收 在正常情况下，开花授粉后20~25天，果实已达到充分膨大，果皮具有光泽，已达到采收青果的成熟标准，应及时采收。门椒应提前采收，如果采收不及时果实消耗大量养分，会影响以后植株的生长和结果。

三、番茄生产技术

（一）番茄的特征特性及对环境的适应性

番茄为喜温性蔬菜，其适应性较强，对基质的选择要求不严，在6~35℃下均可生长，地上部分平均温度在24~27℃时，可以正常开花和结果，在18~21℃的温度下生长时，落花率较高。当温度超过40℃时，生长受阻，并使茎叶发生日灼及坏死现象。温度低于15℃时生长受到影响，并影响开花；低于10℃，生长缓慢，呈现开花不结果现象；5℃时茎叶停止生长。当温度降至-1~3℃时，会发生冻害。根际部分温度以20~26℃最佳，高于33℃或低于13℃时，根系生长不良。

番茄喜光，对光照条件反应敏感，光照不足时生长不良，常会引起落花落果，易使植株发生徒长、开花坐果少、营养不良等各种生理障害和病害，冬春季节勤擦洗棚膜，增强透光性，同时在温室内后墙上张挂反光幕，一般10~15天擦洗一次，在连续阴天时，进行人工补光。

番茄根际适宜的基质湿度在80%左右，空气湿度75%~80%。

（二）种植茬口

1. 越冬茬 9月下旬育苗，10月中下旬定植，翌年1月中下旬上市。

2. 秋延茬　6月下旬至7月上旬育苗，8月中下旬定植，10月中下旬上市。

3. 冬春茬　12月下旬至翌年1月上旬育苗，2月中旬定植，4月中旬上市。

(三) 品种选择

1. 越冬茬　要求对低温、弱光适应性强，低温下坐果好，不易早衰，适合长季节栽培。抗烟草花叶病毒（TMV）病、叶霉病、根结线虫病、枯萎病、黄萎病等病害。可选择东农712、东农715、中杂105、中杂106、中杂108、金鹏1号、欧盾、宝莱、欧拉玛、卡依罗F1、辽园多丽、莎丽、齐达利、倍盈、中研988、中研998F1、罗曼那、柯里特（FA-832）、弗兰克希（FA-852）、阿乃兹（FA-189）、尼瑞萨（FA-1420）、飞天（3253）、哈雷F1、普罗旺斯、红利、粉达、百利、百灵、劳斯特（73-409）、玛瓦、佛吉利亚（73-45）、博粉四号、浙粉202等品种。

2. 秋延茬　要求苗期耐高温性强，坐果能力强，抗叶霉病、根结线虫病、黄化曲叶病毒病等病害。可选择瑞菲、莎丽、齐达利、拉比、海泽拉144、布纳尔、飞天（3253）、粉达、百利、百灵等品种。

3. 冬春茬　要求苗期耐低温性强，早熟性好，坐果能力强，抗烟草花叶病毒病、叶霉病、根结线虫病、枯萎病、黄萎病等病害。可选择东农708、东农709、东农712、东农715、中杂9号、中杂105、中杂106、中杂108、金鹏1号、合作903、合作906、辽园多丽、佳粉15、佳粉17、L-402、博粉四号、浙粉202、欧盾、宝莱、欧拉玛、卡依罗F1、莎丽、齐达利、倍盈、中研988、中研998F1、罗曼那、柯里特（FA-832）、弗兰克希（FA-852）、阿乃兹（FA-189）、尼瑞萨（FA-1420）、飞天（3253）、哈雷F1、普罗旺斯、红利、粉达、百利、百灵、劳斯特（73-409）、玛瓦、佛吉利亚（73-45）等品种。

(四) 栽培技术

1. 育苗技术　不同地区、不同茬口、不同的棚室种植模式，可根据育苗时间、温度条件、经济条件和生产习惯酌情选择育苗方式，穴盘育苗见本书第四章。

2. 定植前准备 参考茄子栽培技术。

3. 定植 移栽前对苗子进行消毒，一般用 50％多菌灵 800 倍液对番茄苗进行喷雾，定植时苗坨适度深栽萌生不定根，定植后穴内浇灌移栽灵或恩益碧（NEB）溶液，定植株距为 40～45 厘米，每槽定植两行，每 667 米^2 栽苗 1 900～2 200 株。

4. 定植后管理

（1）温度、水肥管理

①缓苗期。加强温湿度管理，白天温度保持在 23～28℃，夜温保持在 17～18℃。空气湿度保持在 75％左右，基质湿度保持在 80％以上。

②开花坐果期。白天温度控制在 23～30℃，夜温保持在 15℃以上。空气湿度保持在 75％～80％，基质湿度保持在 80％～85％。夏秋高温季节在棚膜外层覆盖遮阴网或在膜上泼泥水形成遮阴物，冬春寒冷季节除晚上覆盖草帘等防寒物外，在气温较低或阴雪天气的晚上，在草帘外层覆盖一层塑料棚膜，可提高室温 2～3℃。

定植后 20 天追施有机生态专用肥＋大三元复合肥的混合肥料（100 千克生态专用肥＋50 千克复合肥＋0.5 千克微量元素肥料），一般每隔 10～15 天追施一次，每株用量以 12 克为基础，逐次增加，盛果期达到 25 克。

③结果盛期。除加强温度、湿度、追肥和浇水管理之外，叶面上要及时补充钙肥和磷酸二氢钾等肥料。

（2）植株调整 整枝是番茄栽培的主要技术措施之一。植株长至 20～25 厘米时及时吊蔓；番茄采用单蔓换头整枝，留 4～5 穗果后，掐头换枝，在第四至五穗花蘸花后，留两片叶子掐头换枝，每株一般可坐 9～11 穗果，结合整枝及时疏花疏果，每穗留 3～5 个果实，开花时进行人工辅助授粉，主要方法有熊蜂授粉、振动授粉、药剂喷花、药剂涂抹、药剂浸蘸等。番茄分枝能力强，要及早摘除，一般在不影响吸收营养与水分的前提下，5厘米以上的侧枝要及早去除，并及时摘除黄叶、老叶和病叶。

5. 适期采收　番茄果实因品种不同，其保藏时间不同，要根据不同品种确定适宜的采收期。

第二节　瓜类蔬菜生产技术

一、黄瓜生产技术

（一）黄瓜的特征特性及对环境的适应性

黄瓜喜高温强光，又耐弱光，适应温暖潮湿的环境条件，对环境变化反应比较敏感，属浅根性植物，虽然根群发达，但分布较浅，主要分布在30厘米耕层内，根系弱，吸收能力差，且维管束木栓化较早，根的再生能力差，在移栽时不可伤根。黄瓜对栽培基质要求不严格，但以保水、保肥、富含有机质、通气性较好的基质栽培最好，要求pH 5.7～7.2。

黄瓜适宜生长的温度为17～30℃，但以白天温度25～28℃，夜间温度13～15℃生长较好，根系最适温度为25℃左右。黄瓜喜湿又怕涝，喜肥而吸肥能力差，不耐旱，要求田间最大持水量70%～90%，空气相对湿度白天80%左右，夜间90%左右，光饱和点为5.5万勒克斯，光补偿点为2 000勒克斯，生育期间最适光照度为4万～5万勒克斯。

（二）种植茬口

1. 越冬茬　9月下旬育苗，一般不需要嫁接，10月下旬移栽定植，12月上旬采收上市。定植株距35厘米。

2. 早春茬　12月中旬育苗，翌年1月中下旬定植，3月中旬采收上市。定植株距30～35厘米。

（三）品种选择

1. 越冬茬　黄瓜的生育期正处在冬季寒冷、日照短、光照弱的条件下，因此选用的黄瓜品种一定要耐低温、耐弱光，抗病性强、雌花节位低、单性结实能力强，丰产、优质，瓜条性状符合市场需求。可选择华北密刺型如中农 26、中农 21、中农 27、津绿 3、津优 3、津优 36、津优 38、博新 3 - 2、博美 9 号、冬冠 8 号等，华南少刺型如瑞光 2 号、中农 9 号，无刺水果型如中农 29、中农 19、迷你 2 号、迷你 4 号、迷你 5 号等适宜冬暖式大棚越冬茬栽培的优良品种。

2. 早春茬 适合日光温室早春茬栽培的黄瓜品种，应具有耐低温、雌花节位低、早熟、高产、品质好、抗病等性状。主要品种有华北密刺型如中农 21、中农 12、中农 26、中农 27、津绿 3、津优 2、津优 22、津优 30、津优 35、津优 36、博新 3 号、冬美 2 号等，华南少刺型如翠龙、翠绿、瑞光 2 号，无刺水果型如迷你 2 号、迷你 5 号、中农 19、中农 29 等。

(四) 栽培技术

1. 育苗技术 不同地区、不同茬口、不同的棚室种植模式，可根据育苗时间、经济条件和生产习惯酌情选择育苗方式，穴盘育苗见本书第四章。

2. 定植前准备 参考茄子栽培技术。

3. 定植 定植前对穴盘基质苗用 50% 多菌灵 800 倍液杀菌消毒后进行分级，采用丁字形双行交错定植，植株距槽边 10 厘米，根据不同的茬口确定株行距，定植深度低于原栽培面 0.5～1 厘米，边定植边浇水 [水内配入移栽灵或恩益碧（NEB）溶液]，定植后 3 天滴灌上覆膜。

4. 定植后管理

(1) 温湿度管理 黄瓜喜温，生长期间需要人为控制温度创造一定的昼夜温差，其作用有三点：一是保持营养生长和生殖生长均衡发展，使黄瓜适应温室生态条件和保持长期结瓜能力；二是按季节变化，有目的地使植株适应外界气候条件的变化；三是根据品种的特性进行温度调控，充分发挥增产潜力。温室栽培黄瓜生育适温白天为 25～32℃，白天气温低于 16℃ 易出现畸形瓜，夜间适宜温度 13～15℃，夜温过高，虽然能促进果实膨大，但加快了呼吸作用，使同化物质消耗多，植株易出现营养不良。

黄瓜适宜的空气湿度：晴天白天相对湿度 75％～80％，夜间 85％～90％ 为宜；阴雨雪天白天相对湿度 70％～80％，夜间 80％～85％ 为宜。

温湿度的科学管理：一般采用四段变温管理来达到促进植株生长和生态防病。具体做法是：日出时揭去草帘轻度放风排湿，放风半小时后关闭风口至午前控制放风，使室内温度迅速升高到 28～30℃，以利充分进行光合作用，积累养分，此时，虽然湿度大，但因温度高不易发病；当温度超过 32℃时开始放风，风口由小到大，上午尽可能维持高温 4～5 小时，而后加大放风量，将温度降到 18～22℃，这样有利于光合产物的分配，此时室内温度虽适宜病菌繁殖，但因放风排湿，不利发病。前半夜保持 14～17℃，促进光合产物的运输；后半夜到翌日凌晨保持较低的温度（10～13℃），抑制消耗。

（2）光照管理　在北方种植的黄瓜品种对日照的长短要求不严，但不论怎样，黄瓜在长日照和强光照下产量保持最高。栽培过程中要经常擦洗棚膜，增强透光性，阴雨天过后及雪后要及时拉帘，增加光照；冬春季节在后墙张挂反光幕来增强光照或进行人工补充光照。

（3）水分管理　浇水量必须根据天气变化和植株大小进行调整，一般栽培料保持 70％的湿度；高温季节，晴天应每天浇一次水，阴雨天停止浇水或少浇，冬季隔日浇水，浇水应在 10：00 左右进行，每次浇 15～20 分钟（保持每株苗 1 升的灌水量）。

（4）科学施肥　定植后 20 天开始追肥，以后每隔 15 天追肥一次。黄瓜的追肥有两种类型，一是全无机型：硫酸铵：磷酸二铵：硫酸钾＝10：3：7，结果前每株用 5 克为基础；二是有机＋无机型：有机生态专用肥：三元复合肥＝6：4，结果前每株用 10 克为基础，以后逐渐增加用量，结果盛期每株用全无机型肥增加到 10 克，有机无机型肥增加到 15 克，将肥料均匀埋施在距根部 5 厘米以外的范围内，结果盛期叶面补充营养肥和钙元素，常用的有 0.2％～0.3％尿素、磷酸二氢钾、黑金刚、酵素菌等。

（5）**植株调整** 植株缓苗后，很快进入甩蔓期，生长速度加快，应及时进行吊蔓，采取使矮秧直立，高秧适度弯曲的方法，保持生长点高度一致，避免出现"以高压低"现象，此后植株卷须和雄花大量产生，为避免过多消耗养分，应及时掐掉卷须和雄花。及时除去侧蔓、老叶、黄叶、病叶，并适时进行落蔓，落蔓前适度控水，一般在中午进行操作，落蔓后加强肥水管理。

（6）**增施二氧化碳（CO_2）气肥** 据测定，温室内空气中的二氧化碳（CO_2）含量达到 0.1％时产量最高，其他季节基本能够满足生长要求，但是冬季温室通风量小，满足不了黄瓜进行光合作用的要求，使产量降低，在这一时期内要获得高产，有必要进行人工二氧化碳（CO_2）施肥，一是采用双微二氧化碳（CO_2）气肥，埋入走道两侧 5～10 厘米深处，每平方米使用 1 粒，每 667 米^2 一次使用 7 千克，可在 30～35 天内不断产出气体；二是采用稀硫酸加碳酸氢铵的办法进行二氧化碳（CO_2）施肥，也可采用有机物发酵产生二氧化碳（CO_2）。

5. 适时采收 黄瓜营养生长和生殖生长同时进行，养分争夺激烈，应适时采收，否则会加剧化瓜或坠秧，特别是根瓜要及时采收（100～150 克）。进入盛果期，每天都应采收，采收应在早晨进行，以保证瓜条含水量大，品质鲜嫩。

二、西葫芦生产技术

（一）西葫芦的特征特性及对环境的适应性

西葫芦对温度有较强的适应性，既喜温又耐低温。生育期白天最适温度 22～25℃，夜间温度 8～10℃。根系环境湿度一般保持80％～85％，空气相对湿度 65％～70％。在低温季节，基质水分过多易沤根；高温季节，水分过多则易徒长。空气湿度过大，坐瓜不良，容易导致灰霉病等病害的发生。

西葫芦生育期间喜强光照，但不同生育阶段对日照时数的要求各异。幼苗期，为使雌花分化得早而多，适宜减少光照；开花坐果期增加光照，促使坐瓜和瓜条生长；冬季生产时处于弱光照条件下，对生长、结瓜十分不利，产量效益低，栽培难度大，须从多方面采取措施，改善光照条件。

（二）茬口安排

1. 秋冬茬　8月中旬育苗，9月上旬定植，10月中旬上市，12月下旬拉秧。

2. 越冬茬　10月上旬育苗，11月上旬定植，12月中旬上市，翌年5月下旬拉秧。

3. 早春茬　1月上旬育苗，2月上旬定植，3月中旬上市，6月下旬拉秧。

（三）品种选择

1. 秋冬茬　栽培的品种应该选择生长发育快、早熟、植株矮小的品种为宜，如京葫12、早青一代、阿尔及利亚、一窝猴等。

2. 越冬茬　栽培品种应具备丰产、抗病、外观漂亮、耐低温弱光、连续结瓜性强及适当的早熟性等优点，如早青一代、京珠、寒玉、美玉等。

3. 早春茬　宜选用苗期耐寒性特别强、生长速度快的极早熟和早熟矮性类型品种，如京葫8号、绿宝石、太阳007、银青一代、金瓜等。

（四）栽培技术

1. 育苗技术　不同地区、不同茬口、不同的棚室种植模式，可根据育苗时间、经济条件和生产习惯酌情选择育苗方式，穴盘育苗见本书第四章。

2. 定植前准备　参考茄子栽培技术。

3. 底肥施用　不论是新基质还是重复使用基质，在定植前施入底肥，除使用有机肥料之外，根据生长需要，还需补充一定的无机肥料，底肥按每立方米基质中加入硫酸钾复合肥1千克，过磷酸钙1千克，微量元素肥料0.1千克。

4. 定植　选择晴天定植，对穴盘苗用50％多菌灵800倍液杀菌消毒后进行分级定植，采用丁字形双行交错定植，植株距槽边10厘米，株距60～70厘米。每667米^{2}定植1900株左右，定植深度与原栽培面持平，定植穴内浇灌 300 倍绿亨一号与移栽灵的混合液，定植后 3 天左右在滴灌上覆膜。

5. 定植后管理

（1）温度和光照管理　西葫芦不需要较高的温度，温度高时易徒长。适宜生长的温度保持白天 20～25℃，夜间 12℃左右。为防止幼苗徒长，可在定植穴内撒施矮丰灵，每 50 米长的温室一般用量为 0.2 千克，用法是将矮丰灵加 10～20 倍干净河沙充分混匀后撒入定植穴内。坐瓜期保持昼温 25～28℃，夜温 12～15℃，全生育期要求充足光照。

（2）肥水管理　苗期适度控制水肥，坐瓜后加强肥水管理，保持根系环境湿度 80％～85％，空气相对湿度 65％～70％。浇水视天气情况而定，晴天 9：00 左右浇一次水，阴雪天不浇水或少浇，灌水量根据实际情况确定，一般水压正常时每次浇水时间 15～20 分钟。

追肥在定植后 20 天开始，以后每隔 10～15 天追一次，追肥按专用肥：三元复合肥＝6：4 的比例配置使用，追肥以 12 克为基础，逐渐增加，盛果期最大量为每株 20 克。肥料均匀埋施在距茎基部 5 厘米外的范围内。

（3）植株调整　生长到 6～7 片叶时吊蔓，始终保持生长点有充足的光照，根瓜不宜过早采收，采收早植株易徒长，化瓜频繁，造成以后坐瓜困难。及时摘除侧芽、卷须及病残老叶，每次采收后剪除下部 2～3 片叶为宜。

（4）人工授粉　9：00～11：00 摘取雄花，将花药轻涂在雌花柱头上，再于 11：00 左右，用 2 030 毫克/千克防落素涂抹瓜柄和柱头，坐瓜率达到 90％以上。如果雄花少，则用 2,4-滴、保果宁等激素处理。

6. 适期采收　定植后约 50 天根瓜即可坐住，长至 250 克左右时可采摘上市，其余瓜重不要超过 500 克，否则易引起茎蔓早衰，影响产量。采收时轻拿轻放，西葫芦皮薄易擦伤而失去商品性。

三、西甜瓜生产技术

（一）西甜瓜的特征特性及对环境的适应性

西甜瓜属喜温作物，需较高的温度和较大的昼夜温差。发育最低温度 15～16℃，适温 28～33℃，15℃ 以下对开花坐瓜不利。果实膨大期白天温度 27～30℃，夜温 15～20℃ 为宜。成熟期白天温度 25～30℃，夜间不低于 15℃。西甜瓜喜干旱，尤其是发育后期要求在干燥的环境条件下生长，空气潮湿、水分过大易裂瓜和发病，品质降低。

西甜瓜属喜光作物，生长过程中要求有充足的光照，否则发育迟缓，品质不良。

（二）茬口安排

1. 秋延茬　8 月下旬育苗，9 月中下旬定植，元旦前上市。每 667 米² 保苗 2 200 株，株距 45 厘米，丁字形错开定植。

2. 早春茬　1 月上旬育苗，2 月初定植，五一前上市，每 667 米² 保苗 2 500 株，株距 40 厘米。

（三）品种选择

1. 西瓜　选用抗病、早熟、中小果型、不易裂果、耐储运、优质高产的品种，如日本丽都、京欣系列、富贵、小铃王、早春等。

2. 甜瓜　选用抗病高产、耐弱光、不裂果、耐储运的品种，如厚皮甜瓜选用京玉系列、津甜系列、甜 7 号、甜 8 号、瓜州王子等；薄皮甜瓜选用美玉千香、银丰等。

（四）栽培技术

1. 育苗技术　不同地区、不同茬口、不同的棚室种植模式，可根据育苗时间、经济条件和生产习惯酌情选择育苗方式，穴盘育苗见本书第四章。

2. 定植前准备　参考茄子栽培技术。

3. 定植　选择晴天定植，对穴盘苗用 50% 多菌灵 800 倍液杀菌消毒后进行分级，采用丁字形双行交错定植，植株距槽边 10 厘米，根据不同的茬口确定株行距，定植深度与原栽培面持平，边定植边浇水（水内配入移栽灵），定植后 3 天滴灌上覆膜。

4. 定植后管理

（1）温度管理　一是开花坐瓜前期，西瓜白天适温 25～30℃，夜间 16～18℃。甜瓜白天适温 25～32℃，夜间 15～20℃，低于 15℃生长不良。二是果实膨大期，白天温度 25～32℃，夜间温度 16～20℃，秋延茬栽培时要加强夜间保温，温度低时进行二次覆盖，即在下午放帘后再覆一张旧棚膜，以提高夜温。

（2）光照管理　改善光照条件，尽量增加光照，定期擦洗棚膜，合理密植，以利通风透光。阴雪天增加散射光或人工补光，遇连续阴天必须进行人工补光，否则，植株因缺乏光照而出现生理性萎蔫，严重时植株死亡，造成巨大损失。

（3）水肥管理　西甜瓜栽培时根据其生长规律和需肥特点，要求底肥充足，而追肥量减少，因此定植前将 2/3 的肥料用作底肥，定植后适度控制水肥，灌水条件以基质表面见干见湿为主，阴雪天不灌水，保持棚内空气湿度 55%～60% 为宜，开花前期追肥一次，每株追施 5 克专用肥，开花坐瓜期严格控制水肥，待瓜坐稳后逐渐增加水肥，果实膨大期每株追施专用肥 15 克并浇水适量，中后期每株追施专用肥 20～25 克，追肥间隔 15 天左右。

（4）植株调整

①西瓜。采用单蔓整枝，侧枝全部摘除，待主蔓长至 20～25 厘米时及时吊蔓，清除卷须，开花后清除过多雄花，选留 10～15 节位的雌花进行人工辅助授粉坐瓜，并做标记，瓜坐稳后留一个长势快、周正的瓜，其余摘除，待瓜秧长至 28～30 片叶时掐顶，利于果实膨大，瓜长至碗口大小时及时吊瓜。

②甜瓜。采用双蔓整枝，当植株长至 5 片真叶时主蔓掐顶，选留基部两条健壮的侧蔓生长，长至 25 厘米左右同时吊起，开花结果后选留 10～15 节位雌花进行人工辅助授粉，并做标记，瓜坐稳后选留周正的瓜。

5. 适期采收　西瓜坐瓜后 30～35 天即达生理成熟，根据标记日期，准确判断成熟度，适期采收上市。甜瓜不同品种坐瓜期不同。早春茬栽培收获后可利用平茬再生技术，实现二次坐瓜，即选留基部 10～15 厘米部位，剪去以上部分，加强肥水管理，等侧枝长出后选留坐瓜枝。

四、冬瓜生产技术

（一）冬瓜的特征特性及对环境的适应性

冬瓜根系强大，茎蔓生长强盛，耐热、耐湿，空气湿度过大过小都不利于授粉、坐瓜及果实的正常发育，80％的相对湿度比较适宜。冬瓜生育的最适温度为 25～32℃，15℃ 以下不能正常生长发育。冬瓜耐肥力很强，对基质要求不严格。

（二）茬口安排

冬瓜一般因秋冬茬经济效益较低，在温室中不安排种植，主要在早春茬生产，12 月中旬育苗，翌年 1 月中旬定植，4 月上旬上市。

（三）品种选择

品种宜选择耐低温、耐弱光、早熟、抗病、丰产的品种，适栽品种有一串铃 4 号、春早一号、金能手 888、马群一号等。

（四）栽培技术

1. 育苗技术　不同地区、不同茬口、不同的棚室种植模式，可根据育苗时间、经济条件和生产习惯酌情选择育苗方式，穴盘育苗见本书第四章。

2. 定植前准备　参考茄子栽培技术。

3. 底肥施用　不论是新基质还是重复使用基质，在定植前施入底肥，除使用有机肥料之外，根据生长需要，还需补充一定的无机肥料，底肥按每立方米基质中加入硫酸钾复合肥 1.5 千克，过磷酸钙 1 千克，微量元素肥料 0.1 千克。

4. 定植　选择晴天定植，对穴盘苗用 50％ 多菌灵 800 倍液杀菌消毒后进行分级定植，采用丁字形双行交错定植，植株距槽边 10 厘米，同行株距 70 厘米，每 667 米^2 定植 1 300 株。定植深度与原栽培面持平，定植穴内浇灌 300 倍绿亨一号与移栽灵的混合液，定植后 3 天左右滴灌上覆膜。

5. 定植后管理

（1）**温度和光照管理**　冬瓜是喜温蔬菜，但不同生育期对温度要求不同，苗期白天温度控制在 23～27℃，夜间温度 15～18℃，有利于促根壮秧，促进雌花的提早发育；坐瓜期白天温度 25～32℃，夜间温度 15～18℃，利于促进果实的发育。全生育期要求充足的光照。

（2）**肥水管理**　冬瓜浇水和追肥应遵循作物生长发育的需求规律和天气而定，尽可能满足苗期每天每株 1 升的需水量，结果期每天每株 1.5 升的需水量。

追肥在定植后 20 天开始，此后按植株长势及需肥情况每 10 天追一次，开花前按每株追有机生态专用肥 15 克、硫酸钾 3～5 克；坐瓜期每株追有机生态专用肥 20 克、硫酸钾 7～10 克，采收前一个月停止追肥。肥料均匀埋施在距根部 5 厘米外的范围内，并结合喷施叶面肥补充微肥，在瓜膨大期叶面喷施钙肥。

（3）**植株调整与授粉**　冬瓜采用单干整枝，在主蔓上坐瓜，根据冬瓜品种特性进行栽培和合理留瓜，最后一个瓜后面留 5～6 片叶摘心，及时摘除侧枝、老叶和病叶，冬瓜采收完之后，可进行平茬再生。

冬瓜因雄花较多，一般采用花粉人工辅助授粉，若用激素蘸花，一般用 50～100 毫克/千克 2,4-滴加 20 毫克/千克赤霉素涂抹花托和柱头。

6. 适期采收　适时采收是取得效益的保证，一般情况看瓜的外表特征来判断采收标准，青皮冬瓜皮上茸毛逐渐减少、稀疏，皮色由青绿转为黄绿或深绿为最佳采收时期；粉皮冬瓜上出现白色粉状物为最佳采收时期，为了延长储运时间，一定要带瓜柄采收。

五、苦瓜生产技术

(一)苦瓜的特征特性及对环境的适应性

苦瓜喜温、耐潮湿、不耐寒,各生育时期对温度的要求有所不同,种子发芽期的适温为 30～35℃,幼苗期生长适温 20～25℃,抽蔓期和开花结果期生育适温 20～30℃。苦瓜属短日照作物,但对日照时间的长短要求不严格,光照不足会引起落花落果。

苦瓜喜湿润但不耐涝,一般在基质相对湿度 80%～85% 和空气湿度 70%～75% 的条件下生长发育良好,特别是开花结果期,要求的水分较多。苦瓜需肥量较大,而且营养全面,若肥水不足,则植株瘦小、叶色变浅、开花结果少、果实小且苦味浓重,品质差。

(二)茬口安排

1. 越冬茬　9 月下旬育苗,11 月上旬定植,翌年 1 月中旬上市,6 月下旬拉秧。

2. 早春茬　11 月下旬育苗,翌年 1 月中旬定植,3 月中旬上市,移栽同行株距 35 厘米,每 667 米² 保苗 2 300 株左右。

(三)品种选择

一般早熟品种较耐低温,中、晚熟品种较耐高温,西北设施栽培适宜选择早熟品种。适宜的品种较多,有长白苦瓜、农友 1 号、农友 2 号等。

(四)栽培技术

1. 育苗技术　不同地区、不同茬口、不同的棚室种植模式,可根据育苗时间、经济条件和生产习惯酌情选择育苗方式,穴盘育苗见本书第四章。

2. 定植前准备　参考茄子栽培技术。

3. 温度、湿度、水肥管理　参考冬瓜栽培技术。

4. 植株调整　苦瓜以侧蔓结瓜为主,整枝有两种方法,一是距地面 50 厘米以下的侧蔓全部摘除,促进主蔓生长,当主蔓长到架顶时,主蔓摘心,其下部选留 3～5 个侧枝结瓜;二是当主蔓长到 1 米高时，将主蔓摘心，留两条侧枝结瓜，当侧蔓长到架顶后摘心，再在每条蔓上选留 1～2 个侧蔓结瓜。

5. 适期采收　在适宜的温湿度条件下，雌花开花后 12～15 天，果实的条状和瘤状的突起开始迅速膨大，果顶变为平滑且开始发亮，果皮的颜色由青白转为乳白时采收。

第三节　叶菜类蔬菜（大白菜）生产技术

一、大白菜特征特性及对环境的适应性

根据形态特征、生物学特性及栽培特点，白菜可分为秋冬白菜、春白菜和夏白菜，各包括不同类型品种。

大白菜主根系，侧根发生多，中后期可形成发达的网状根系。苗期主根纤细，根系断根后恢复生长能力较差，故宜直播，不宜育苗。外茎短缩、肉质，叶片环生、密集。抽薹后花茎抽长变细，花茎主枝长达 60～100 厘米，并分枝，呈圆锥状，总状花序。

大白菜属耐寒性作物，喜温和而不宜炎热，营养生长期温度 5～25℃，适宜温度 10～22℃。－5℃冻害不可恢复，是大白菜的临界温度。适宜中等强度光照。喜欢土壤湿润，不耐干旱。

二、茬口安排和品种选择

一般选择早春茬栽培，2 月上旬育苗或直播，4 月中下旬上市，品种可选择 87－114、四季皇冠、春秋王等。

三、栽培技术

大白菜在各个生长时期发生不同的器官，有不同的生长量和生长速度，因此各个时期应适时、适量地浇水和施肥才能达到丰产。

（一）温度

早期预防低温，防止过早完成春化阶段，保持白天温度不低于 20℃，夜温不低于 15℃。

（二）水肥

白菜不耐旱，栽培中不能缺水，否则一方面产品中纤维增多，降低产品的商品性；另一方面因缺水易发生生理性病害。

追肥使用尿素：专用肥为 2∶1 的配比，以促进营养生长，使迅速形成莲座和叶球，避免早期形成花薹。一般情况下全生育期追 4 次肥，第一次在拉十字期，追提苗肥，每株追肥 10 克；第二次在莲座期（6～8 叶期），每株追肥 15 克，促进莲座叶的快速生长，为结球奠定基础；第三次在结球期（包心期），每株追肥 15 克＋硫酸钾复合肥 10 克，促进结球；第四次在结球中期，每株追肥 20 克，利于结球紧实。

（三）适期采收

结球紧实，生长减缓时进行采收。

第四节　豆类蔬菜（架豆）生产技术

一、架豆的特征特性及对环境的适应性

架豆是喜温蔬菜，既怕严寒，又怕酷暑。种子发芽适温为 20～25℃，低于 10℃ 或高于 40℃ 都不能发芽。幼苗生长适温为 20℃ 左右，短期 2～3℃ 低温叶片会失绿转黄，－1℃ 时受冻死亡。开花期和果荚形成期的最适温度为 20～25℃，在 32℃ 高温条件下，易造成落花、落荚，此时生成的果荚短小或呈畸形，造成减产。

架豆对水分的要求比较严格，最适宜的空气湿度是 65%～70%，空气湿度过大和土壤含水量过多是引起架豆炭疽病、疫病及根腐病的重要起因，因此在日常管理中要注意调控浇水，以保持适宜的土壤含水量，减少病害的发生。相反，在高温干旱的环境条件下豆荚也会发育不良，易形成空腔，品质下降。

架豆在整个生育期对氮、钾的吸收量较多，对磷、钙的吸收量较少。开花和结荚期是架豆吸收氮、钾的高峰期，在嫩荚迅速伸长时需要吸收一定量的钙，磷的吸收量虽少，但缺磷也会对开花、结荚和种子发育造成影响。

二、茬口安排和品种选择

可露地和设施内栽培，露地架豆栽培主要是春、秋两个茬次，设施主要是秋冬棚内栽培。

品种主要有碧丰（绿龙）、泰国架豆王、春丰 4 号等。

三、栽培技术

（一）穴盘育苗

架豆根系再生能力差，为不耐移栽的蔬菜，采用一次成苗技术，一般用 72 孔穴盘进行育苗。架豆的种皮薄，不宜用温汤处理，一般用 50% 多菌灵 800 倍液浸泡 30 分钟，然后催芽点播。适栽苗龄 15~20 天，定植株距 30 厘米，每 667 米^2 保苗 2 500 株左右。

（二）搭架引蔓

架豆开始抽蔓时，结合浇水及时插架引蔓。架杆材料可用竹竿、木棍等，架高要求 3 米以上，一般搭成金字塔形，4 穴为一组，架杆顶端绑在一起，每组之间顶端再绑一横杆，以增强支架的抗风抗倒伏能力。插架后要进行人工引蔓，使架豆各株的茎蔓能够分布均匀地沿架杆缠绕向上生长，不致使各株茎蔓相互缠绕，影响正常生长，降低产量和品质。引蔓上架初期，在每次刮风下雨后要及时查看茎蔓上架的情况，如有被风雨吹离架杆的，要及时扶蔓引蔓，以利正常生长。

（三）水肥管理

水分管理上采用"干花湿荚"的管理原则，对架豆不同生育阶段进行科学管理；追肥上注意氮、磷、钾的合理配置，多钾、稳磷、控氮，100 千克有机生态专用肥与 2 千克磷酸二氢钾混合施用，定植后 20 天开始追肥，以每株 5 克用量为基础，开花结荚期提高追肥量，开花前适度控制水分，结荚时加强水分管理。

四、适期采收

开花后 10~15 天达到采收要求，即荚由细变粗，色由绿变白绿，豆粒略显，荚大而嫩时可采收。

第五节　非耕地日光温室蔬菜生产月备忘录

1月：节气为小寒、大寒

气候特点：数九寒天，多雪，极端低温。

（1）温室蔬菜进入第三个黄金收益期，注意温室保温，下雪天及时清扫积雪，阴雪天坚持及时拉、放保温棉被，室内温度持续低于 6℃时采取临时增温措施。

（2）日光温室中午短时间放风排湿，以 11：00～13：00、棚温 28℃以上时最适宜，放风时间不超过 0.5 小时。病害防治宜在傍晚选用烟剂或粉尘剂，尽量不用喷雾法，以免增加湿度，引发其他病害。

（3）越冬茬温室蔬菜已进入丰产期，管理目标为增产、增收；管理重点为防冻、防病、增温、销售；具体农事操作为早揭帘、晚放帘，适时通风排湿，及时清扫棚膜、进行人工授粉和植株调控。

（4）温室早春茬菜苗严防病虫害和冻害，穴盘育苗注意地温和水分调控，及时均苗、炼苗。

（5）计划早春茬温室瓜菜生产，开始温室施肥、整地、起垄、消毒、增温管理。月底前，完成移栽前全部准备工作，并开始温室的正常管理，开始提温，准备移栽。

2月：节气为立春、雨水

气候特点：月初多雪，极端低温；中下旬开始转暖。

（1）温室蔬菜进入第四个黄金收益期。继续做好温室保温工作，下雪天及时清扫积雪，阴雪天坚持拉、放保温棉被，室内温度持续低于 6℃时采取临时增温措施。

（2）日光温室中午短时间放风排湿，以 11：00～13：00、棚温 28℃以上时最适宜，放风时间不超过 0.5 小时。病害防治宜在傍晚选用烟剂或粉尘剂，尽量不用喷雾法，以免增加湿度，引发其他病害。

（3）越冬茬温室蔬菜继续处于丰产期，管理目标为增产、增收；管理重点为防冻、防病、增温、销售；具体农事操作为早揭帘，晚放帘，适时通风排湿，及时清扫棚膜、进行人工授粉和植株调控，适时追肥浇水。

瓜类：注意灰霉病、细菌性角斑病、霜霉病，预防花打顶，水肥管理上坚持 10～15 天一次带肥小水，水后注意通风。

番茄：注意早疫病、晚疫病、灰霉病、生理性落花落果，预防空洞果、畸形果，水肥管理坚持一层果一水肥，同时注意打叶、落蔓和进行人工授粉，并关注果实销售情况。

3 月：节气为惊蛰、春分

气候特点：天气转暖，气温不稳定。

（1）气温回升，但不稳定，继续做好温室保温工作。坚持早揭帘，晚放帘，中午短时间放风排湿，11：00～14：00 棚温 28℃以上时开始放风，傍晚 25℃左右关风口。

（2）天气转暖，病虫害开始进入高发期，依据种植作物发病规律和水肥管理状况，及时做好病虫害的综合防治，可选用烟剂或喷雾法防治，也可结合叶面追肥喷雾防治。

（3）越冬茬温室蔬菜继续处于丰产期，管理目标为防病、增产、增收；管理重点为病虫害综合防治、科学追肥浇水、销售；具体农事操作为早揭帘，晚放帘，适时通风排湿，注意加强水肥管理（逐渐增加量、次）、植株调控（注意落蔓，摘除病叶、病果）和病虫害防治（注意霜霉病、白粉病、白粉虱、斑潜蝇和蚜虫），结合防病治虫增施叶面肥，保持作物旺盛生长状态，争取最大产量和收益。

瓜类：进入病虫害高发期，重点做好病虫害预防工作。

茄果类：价格仍然处于高价期，需继续强化水肥、防病、授粉、整枝、销售管理，争取最大效益。

（4）早春茬瓜菜进入植株旺盛生长期，注意防病、整枝，做到生长平衡，严防跑秧。

黄瓜：进入初果期，及时摘除根瓜。重点做好病害预防和水肥管理工作，坚持10～15天用药一次，10天追肥浇水一次。

西甜瓜、番茄：重点做好整枝留果和人工授粉工作。番茄每穗果选留中部4果，每穗果实膨大期追肥浇水一次。西甜瓜10～15节间开始留果，每株授粉3果，选留1果。西瓜必须在每天9：00～11：00选取当天开放雄花进行人工授粉，严禁药剂授粉。

4月：节气为清明、谷雨

气候特点：天气转暖，多风，气温稳定。

（1）外界温度趋于稳定，温室晴天温度变化幅度大，蔬菜均处于水肥需求旺盛期，密度大，湿度大，是各类病虫害的暴发期。本月温室管理重点是科学浇水，追肥壮秧，及时预防病虫害及生理性病害的发生，适度做好植株调控和人工授粉工作，合理留果，实现增产、增效。

（2）越冬茬蔬菜进入收获后期，气候转暖，注意加强水肥管理（逐渐增加量、次）、植株调控（注意落蔓，摘除病叶、枯叶、病果和畸形果）和病虫害综合防治（注意霜霉病、白粉病、疫病、角斑病、白粉虱、斑潜蝇、蚜虫和菜青虫），结合防病治虫实施叶面追肥，保持植株旺盛生长。

辣椒：处于结果初期，注意做好水肥、温湿度调控，提高坐果率，严防高温落花，必要时可结合防病喷施坐果素，同时严防蚜虫、菜青虫危害。

瓜类：处于生产末期，减少不必要投资，做好下茬生产计划和准备工作。拉秧前药剂防病，然后高温闷棚3～4天后再拉秧清棚。

番茄：管理同3月。

（3）早春茬瓜菜进入生产关键时期，注意温湿度、水肥调控、病虫害防治、打杈和人工授粉，促使瓜菜生殖生长和营养生长平衡，严防空秧、跑秧和瓜坠秧，提高整体产量。

黄瓜：处于效益最好时期，注意及时采收销售商品瓜，同时注意防病、追肥。重点做好病害预防和水肥管理工作，坚持 10～15 天用药一次，10 天追肥浇水一次。

西甜瓜、番茄：重点做好整枝留果和人工授粉工作。番茄管理同 3 月。西甜瓜 10～15 节间开始留果，每株授粉 3 果，选留 1 果。甜瓜采用坐果素每天 9：00～11：00 或 16：00～17：00 人工授粉一次；西瓜必须在每天 9：00～11：00 选取当天开放雄花进行人工授粉，西瓜严禁药剂授粉；人工授粉坚持一花一次，切记重复授粉。

5 月：节气为立夏、小满

气候特点：阳光明媚，气温稳定。

（1）日光温室蔬菜昼夜放风，雨天合风口。本月管理重点：加强水肥管理、植株调控和病虫害防治，保证植株健康生长，提高瓜菜商品率和促进销售。

（2）越冬茬蔬菜进入衰败期，重点做好商品蔬菜的销售和下茬生产准备。长势弱，病害严重，且有套种的，可及时拉秧结束生产，重点做好套种瓜菜的管理。

（3）越冬茬番茄价格相对稳定，可及时整枝落蔓，加强水肥及病虫害管理，保证连续结果，实施周年生产，也可适时扦插培育新苗，倒茬生产。

（4）早春茬黄瓜进入决定效益的最后时期，本月重点工作是增加水肥量，严防病虫害发生，及时整枝摘瓜销售，最大化提高产量。

（5）早春茬温室西甜瓜进入果实膨大、成熟期，重点做好光照、温度、湿度、水肥管理工作，预防病虫害，保护好叶片，增施磷、钾肥，扩大昼夜温差，提高果品品质。

6 月：节气为芒种、夏至

气候特点：阳光普照，少雨，高温。

（1）日光温室棚内温度极高，昼夜通风，有条件的可上下昼夜通风。保护棉帘，养护电机。

（2）日光温室越冬茬果菜类拉秧，秸秆烧毁，以减轻病害传播。腾茬后，可翻地歇茬。

（3）早春茬西甜瓜进入销售期，继续做好病害防治工作，及时采收，分级分批上市销售。

（4）月初，及时遮阴防雨培育番茄、西葫芦。

7月：节气为小暑、大暑

气候特点：烈日炎炎，少雨，高温，干旱。

（1）前茬基本结束生产，连茬生产的及时进行整地和用药剂高温闷棚消毒，起垄，中下旬移栽进行生产。

（2）安排越冬生产的，及时翻地、整地、晒地。计划安排下茬生产，并提前准备农资。

8月：节气为立秋、处暑

气候特点：步入雨季，气温渐降。

第二茬温室生产的关键时期。重点做好移栽管理、准备移栽的棚体维修、消毒和蔬菜苗的培育工作。

（1）已经移栽的蔬菜，温湿度适宜，宜发生旺长现象，重点做好光照、水肥调控，增加通风量，及时防病，注意避雨防涝，科学整枝，促早结果、多结果。

（2）计划9月栽植，10～11月上市的瓜菜，重点做好棚体维修、消毒、整理、施肥和蔬菜苗的培育工作。

棚体维修：检修后坡、棉被、电机、前沿、棚膜。

消毒、整理、施肥：硫黄、辛硫磷高温熏蒸棚体及育苗物资1周左右。造墒、翻地、整地，追施有机肥、起垄、覆膜，准备移栽。

培育壮苗：推荐越冬茬瓜菜、辣椒、茄子嫁接育苗。新更换棚膜和整好地的，推荐绿菜瓜嫁接后直接移栽，育苗量依据育苗技术掌握程度，推荐实际用量的120%，避免缺苗。

9 月：节气为白露、秋分

气候特点：阴雨寡照，气温凉爽。

提早生产蔬菜的温室进入商品采摘上市期，重点做好防雨、防治病虫害和植株调控工作，必须保证植株健壮生产。越冬生产的温室本月上中旬全部完成移栽。

10 月：节气为寒露、霜降

气候特点：多阴雨，气温剧降。

全面进入蔬菜生产期，中下旬开始使用棉被。重点做好光照、温湿度、水肥、病害管理工作。

（1）上市蔬菜重点做好水肥、病害管理工作，合理调控水肥，严防病害发生，提高商品产量。

（2）初果期的蔬菜重点做好根用蔬菜的及时采收，防病，促进植株健壮生产，为丰产奠定良好的基础。

11 月：节气为立冬、小雪

气候特点：晴天增多，气温继续下降。

温室蔬菜进入第一个黄金收益期，各茬蔬菜均进入采收上市期。重点做好以下工作：

（1）适时揭放保温棉被，清扫棚面，提温、增强光照。减少浇水次数。干旱时，参考 1 周内天气状况，推荐选择适宜时间在晴天早上浇水，中午适当延长高温时间提高地温，晚上烟剂熏棚防病，第二天适当延长通风时间，降低湿度。

（2）及时采收成品果上市销售，促使植株持续丰产，提高产量，增加效益。

（3）降温迅速，温室管理以增加光照、防寒、保温为主。

12 月：节气为大雪、冬至

气候特点：进入严冬，低温多雪。

温室蔬菜进入第二个黄金收益期，各茬蔬菜均进入采收上市旺期。重点做好以下工作：

（1）日光温室管理以多见光、防寒、保温为主，黄瓜、茄子、辣椒可在35℃时放风，28℃时合风口，20℃时覆盖保温棉被；番茄、西葫芦30℃时放风，23℃时合风口，17℃时覆盖保温棉被。

（2）阴雪天坚持升放保温棉被，及时清扫积雪、灰尘，增加光照。12：00短时通风10～20分钟，中午根据棚温再适时通风降温。

（3）灌水尽量少或灌"温水"，浇水在晴天进行，浇水后放风排湿，防治病虫害用烟雾剂，一般不要喷雾防治病虫。

（4）及时采收商品蔬菜上市销售，保证植株正常持续结果，通过提高产量实现高收益。不提倡植株挂果等价销售。

（5）安排早春温室西甜瓜生产的前茬番茄可打顶促顶部预留花絮及时坐果、膨大，保证2月移栽西甜瓜时，番茄全部成熟上市。

（6）计划温室早春套种辣椒的，开始温室培育辣椒幼苗。

（7）计划温室早春生产西甜瓜的，下旬开始温室培育西甜瓜幼苗。

第六章

非耕地日光温室蔬菜病虫害绿色防控技术

第一节　非耕地日光温室病虫害发生特点

一、非耕地日光温室病害发生主要特点及种类

(一)病害发生特点

非耕地日光温室蔬菜栽培病害与常规土壤栽培有不同之处。由于绝大部分使用的是无土栽培，基质质地疏松，其配料中的作物秸秆、菇渣、有机肥料中的动物粪便等，经高温发酵、消毒，并与土壤完全隔离，消除了土传病害的源头侵染，解决了立枯病、根腐病、枯萎病、青枯病、疫病等五大毁灭性土传病害难题，避免或减轻了传统土壤多年连作而发生的一系列生理障碍。

在实际生产中，如果忽视种苗、基质原料和有机肥调入时的病虫检疫与处理，其他技术措施不到位，非耕地日光温室也会发生病害并加重。病害的种类与程度因作物种类、栽培方式及茬口不同而不同。一般其根部病害发生范围及程度远远低于叶部病害，而叶部病害、果实病害和生理性病害往往成为无土栽培病害防治的重点。常发病害有霜霉病、白粉病、灰霉病、晚疫病、叶霉病、病毒病、脐腐病等。

(二)病害发生主要种类

1. 非耕地日光温室常见侵染性病害　主要有番茄叶霉病、灰霉病、早疫病、晚疫病、病毒病，茄子灰霉病、叶枯病，辣椒白粉病，黄瓜、葫芦、甜瓜、西瓜的白粉病、霜霉病、蔓枯病、红粉

病、病毒病等。

2. 非耕地日光温室常见生理性病害 主要有番茄脐腐病、番茄畸形果、番茄空洞果、番茄裂果、番茄筋腐病、番茄生理性卷叶、2,4-滴药害，茄子顶芽弯曲、嫩叶黄化、僵果，黄瓜弯瓜、尖嘴瓜、化瓜、苦味瓜、高低温障害，葫芦大肚瓜，西甜瓜歪嘴瓜等，因栽培管理措施不当引发的缺素症等。

二、非耕地日光温室害虫发生主要特点及种类

温室蔬菜作物实现了周年生产，同时也实现了一些害虫的周年繁殖与危害，加快了繁殖速度。其特点是以小型害虫较多，如红蜘蛛、蓟马、白粉虱、蚜虫、斑潜蝇等，但在管理疏忽、防控不力时，地老虎、棉铃虫也可侵入危害。

非耕地日光温室蔬菜栽培的害虫发生与危害，相对于传统的土壤栽培要轻得多，但如果种苗、有机肥及其他农用物资调入时携带虫卵，基质处理不当，温室防虫隔离设施不配套，以及其他技术措施不到位，加上温室环境卫生差，通风换气不良，棚室内湿度太高，也会造成害虫大面积传播。

第二节 非耕地日光温室蔬菜病虫害绿色防控技术

绿色防控是指以促进农作物安全生产、减少化学农药使用量为目标，在作物目标产量范围内，根据农作物病虫害发生危害规律，优化集成农业防治、生物防治、物理防治、生态调控与科学用药等技术，有限制地使用农药，达到安全控制有害生物的行为过程。

一、日光温室蔬菜病虫害绿色防控意义

温室不良的生长发育环境和病虫危害，是蔬菜生产的大敌。近些年来，石油农业带来的问题越来越多，最主要的是农药和其他化学合成制剂的不当使用与超量施用，导致对蔬菜产品及其环境的严

重污染，蔬菜食用安全已成为全社会的关注热点。因此，在蔬菜生产中大力宣传和强调禁用剧毒农药，采用综合栽培技术防治病虫害，积极推广生物技术制剂和植物性农药，采用调节温、光、气等物理、化学防治技术，积极推行生态防治，生产绿色优质蔬菜，是广大蔬菜生产者必须信守的原则。同时，实施绿色防控是贯彻"公共植保"和"绿色植保"理念的重大举措，是发展现代农业、建设"资源节约、环境友好"的两型农业，促进农业生产安全、农产品质量安全、农业生态安全和农业贸易安全的有效途径。

二、绿色防控的手段和方法

（一）大力加强农业防治措施

1. 选用抗（耐）病虫良种　通过新品种引进试验示范，针对性选择适合当地栽培条件的国内外优良品种，增强蔬菜作物自身的抗逆性和抗病性，实现高产高效目标。

2. 合理轮作倒茬　同科蔬菜均有相同或相似的病虫害，因此设施蔬菜栽培最好进行轮作倒茬，增强植株抗病能力，减少病虫害发生。

3. 及时清洁田园　在播种、定植前或前茬收获结束后，及时彻底地清除残枝败叶等病残体，铲除杂草，消灭病虫中间寄主。生产过程中晴天中午及时摘除病老残叶、残花等病残体，减少病虫危害。

4. 选择无病种苗或进行种子消毒处理　选用种子时最好选用包衣种子，非包衣种子播种前选晴天晒种 2～3 天，通过阳光照射杀灭附着在种皮表面的病菌。茄果类、瓜类蔬菜种子用 55℃温热水浸种 10～15 分钟，豆科或十字花科蔬菜种子可用 40～50℃温水浸种 10～15 分钟，或用 10％盐水浸种 10 分钟，可将种子里混入的菌核病病原、线虫卵漂除或杀死，防止菌核病和线虫病发生。

5. 采用基质穴盘培育无病虫壮苗　在无病虫危害的设施内，采用无土穴盘育苗，播种前进行基质消毒处理，出苗后加强苗床管理，定植时选用优质适龄壮苗。

6. 科学配方施肥　采取科学配方施肥措施，依据各类蔬菜需肥规律及栽培基质的供肥特点进行合理科学施肥，有效选择追肥、叶面喷肥种类及配比，增强植株生长势和对病害的抵抗能力，减轻病害发生。

7. 推广应用生态栽培关键技术　主要包括：修建栽培槽、安装节水滴灌系统、地膜全覆盖、高温烤棚（空棚时应用）、高温闷棚（生产期间应用）、温光综合调控、设置防虫网等。通过各种农艺措施，增强温室温光性能，改善蔬菜生长发育的设施环境，最大限度地创造适合蔬菜植株生长而不利于病虫害发生的环境条件，将病虫危害降到最低。

（二）强化物理防治措施

1. 色板诱杀害虫　黄板诱杀粉虱、蚜虫、斑潜蝇等害虫，蓝板诱杀蓟马、种蝇等害虫。在温室内悬挂黄板或蓝板，高度略高于植株顶部，每 667 米^2 放 20～30 块，当色板粘满虫子时，清洗后继续使用。

2. 防虫网阻隔害虫　利用防虫网，可有效防止蚜虫、白粉虱、斑潜蝇、夜蛾等多种害虫侵入。防虫网隔虫是夏秋季节育苗的最佳选择。

3. 高温闷棚灭菌　充分利用夏秋季节高温期，栽培槽中加入新料后，与旧料充分混合，浇透水，铺上地膜，选晴天盖棚膜密闭棚室 7～10 天，使棚内最高温度达 50～70℃，可有效杀死设施内及基质中的病原菌和害虫。

（三）优化生态防治措施

1. 加强综合调控　根据季节和各类蔬菜生育期不同，合理调控温室的光照、温度和湿度，创造有利于蔬菜生长发育而不利于病虫害发生的环境条件，从而减轻病虫害的发生蔓延。

2. 推广滴灌技术　实施膜下渗灌、滴灌技术，降低棚内湿度，减少病害发生，防止沤根死秧。

3. 冬季增温补光　冬季温室生产中，通过增温补光、应用反光膜等措施，可改善光照条件，提高冬季温度，有效减轻冻害和各类病害的发生。

（四）积极推广生物防治措施

1. 以虫制虫　利用瓢虫、草蛉、捕食螨、小花蝽等捕食性天敌和丽蚜小蜂、赤眼小蜂等寄生性天敌防治蚜虫、白粉虱等害虫。

2. 推广应用细菌、病毒、抗生素等生物制剂　利用苏云金杆菌（Bt）制剂防治各科蔬菜害虫；应用阿维菌素防治菜蛾、斑潜蝇、白粉虱、根结线虫等；应用农用链霉素、新植霉素防治白菜软腐病、角斑病等；应用多抗霉素、抗霉菌素防治霜霉病、白粉病等。

3. 推广应用植物源农药防虫　利用艾叶、南瓜叶、黄瓜蔓、苦瓜叶等浸出液对水喷雾可防治多种蔬菜害虫；利用辣椒、烟草浸出液对水喷雾，可有效防治蚜虫、白粉虱、红蜘蛛等害虫。

4. 使用昆虫生长调节剂　通过使用昆虫生长调节剂干扰害虫生长发育和新陈代谢，使害虫缓慢而死。此类农药对人畜毒性低，对天敌影响小，对环境无污染。如除虫脲、抑太保、卡死克等。

（五）科学实施化学防治

1. 合理选择农药种类　应用化学农药防治设施蔬菜病虫害，应选用高效低毒、低残留农药，优先选用粉尘剂、烟剂，禁止使用高毒高残留农药。

2. 适时对症下药　依据设施蔬菜病虫害预测预报，在最佳防治期内及时准确用药防治。

3. 严格控制施药安全间隔期　严格按照农药使用说明中规定的用药量、用药次数、用药方法，规范使用化学药剂，严格控制农药使用安全间隔期，严禁在安全间隔内采收蔬菜产品。

4. 科学合理使用化学农药　坚持按计量要求用药，克服长期单一用药；坚持交替用药，防止病虫产生抗药性。多种病虫害同时发生时，采取混合用药，达到一次用药防治多种病虫害的目的。根据天气变化灵活选用农药剂型和施药方法，如阴雨天气则宜采用烟雾剂或粉尘剂防治，可有效降低设施内湿度，减轻病虫危害。

三、非耕地日光温室蔬菜主要病害绿色防控技术

(一)病毒病绿色防控技术

病毒病可危害番茄、茄子、辣椒、黄瓜、葫芦、西甜瓜等多种作物。辣椒病毒病是辣椒生产中的主要灾害性病害，造成辣椒落叶、落花、落果。自 20 世纪 70 年代以来，辣椒病毒病不断加重，大田生产中减产幅度可达 30％～70％，重者绝收，温室无土栽培中发生也较频繁。

1. 病毒病症状

(1) **番茄病毒病症状**　一是花叶型。叶片上出现黄绿相间或深浅相间斑驳，叶脉透明，叶略有皱缩，植株略矮。二是蕨叶型。植株不同程度矮化，由上部叶片开始全部或部分变成线状，中、下部叶片向上微卷，花冠变为巨花。三是条斑型。可发生在叶、茎、果上，在叶片上为茶褐色的斑点或云纹，在茎蔓上为黑褐色条形斑块，斑块不深入茎、果内部。此外，有时还可见到巨芽、卷叶和黄顶型症状。

(2) **辣椒病毒病症状**　根据毒源种类不同主要表现为 5 种症状。一是轻花叶型。病初现明脉轻微褪绿，或浓、淡绿相间的斑驳，病株无明显畸形或矮化，不造成落叶，也无畸形叶片。二是重花叶型。除褪绿斑驳外，还表现为叶脉皱缩畸形，叶面凹凸不平，或形成线形叶，生长缓慢，果实瘦小并出现深浅不同的线斑，矮化严重。三是黄化型。病叶明显变黄，落叶。四是坏死型。病部组织变褐坏死或表现为条斑、坏死斑驳、环斑、生长点枯死等。五是畸形。病株变形，出现畸形现象，如叶片变成线形叶，即蕨叶，或植株矮小，分枝极多，呈丛枝状。在辣椒生产中，几种症状往往同时出现，引起落叶、落花、落果的"三落"现象，严重影响辣椒的产量和品质。

(3) **黄瓜病毒病症状**　一是上部叶片沿叶脉失绿、叶片皱缩卷曲、质地变硬，植株生长受到抑制，明显矮小，大部分不能结瓜。二是新叶叶脉之间叶肉出现褪绿斑，逐渐扩大，紧挨大叶脉的叶肉

隆起、皱缩，叶片呈花叶、畸形状，病瓜小而有瘤状突起，无食用价值。

（4）西葫芦病毒病症状　植株上部叶片沿叶脉失绿，并出现黄绿斑点，渐渐全株黄化，叶片皱缩向下卷曲，节间短，植株矮化。枯死株后期花冠扭曲畸形，大部分不能结瓜或瓜小而畸形。或苗期4～5片叶时开始发病，新叶表现明脉，有褪色斑点，继而花叶，有深绿色泡斑，重病株顶叶畸形鸡爪状，病株矮化，不结瓜或瓜表面有环状斑或绿色斑驳，皱缩、畸形。

（5）豇豆病毒病症状　表现很复杂，包括明脉（叶脉变黄近透明）、绿脉（沿叶脉一带深绿）、花叶（叶色浓淡不均）、褪绿、黄斑、卷曲、畸形皱缩、叶面不平整、突起泡斑、僵滞、畸形等，造成病株矮缩，生长停滞，花序畸形，开花迟缓，结荚少而小（有的如老鼠尾），质量差。

2. 病原及侵染传播

（1）番茄病毒病　侵染毒源有20多种，主要有烟草花叶病毒（TMV）、黄瓜花叶病毒（CMV）、烟草曲叶病毒（TLCV）、苜蓿花叶病毒（AMV）等。烟草花叶病毒可在多种植物上越冬，也可附着在番茄种子上、基质中的病残体上越冬，田间越冬寄主残体、烤晒后的烟叶和烟丝均可成为该病的初侵染源。主要通过汁液接触传染，只要寄主有伤口，即可侵入。黄瓜花叶病毒主要由蚜虫传染，此外用汁液摩擦接种也可传染。冬季病毒多在宿根杂草上越冬，春季蚜虫迁飞传毒，引致发病。番茄病毒病的发生与环境条件关系密切，一般高温干旱天气利于病害发生。此外，施用过量的氮肥，植株组织生长柔嫩以及排水不良发病重。番茄病毒的毒源种类在一年里往往有周期性的变化，春夏两季烟草花叶病毒比例较大，而秋季以黄瓜花叶病毒为主。因此，生产上防治时应针对病毒的来源，采取相应的措施，才能收到好的效果。

（2）辣椒病毒病　侵染毒源有10多种，我国发现7种，其最主要的毒源是黄瓜花叶病毒（CMV）、辣椒斑驳病毒（CaMV）、烟草花叶病毒（TMV）、马铃薯Y病毒（PVY）、马铃薯X病毒

（PVX）等。传播途径一是昆虫传毒，如蚜虫传毒。二是接触传毒，如机械摩擦、人为接触传毒。黄瓜花叶病毒主要依靠昆虫传毒，烟草花叶病毒则主要靠机械摩擦、人为接触来传毒。辣椒种子和土壤也能传播病毒，但不是主要传毒介体。

辣椒病毒病发病与气候条件和蚜虫发生密度有关，在高温、干旱、光照度过强的气候条件下，辣椒抗病能力减弱，同时蚜虫的发生、繁殖活跃，导致辣椒病毒病严重发生。在辣椒定植偏晚、与茄科蔬菜连作时发病也严重。辣椒品种间的抗病性也不相同，一般尖辣椒发病率较低，甜椒发生率较高。

（3）黄瓜病毒病　侵染毒源主要有黄瓜花叶病毒（CMV）、烟草花叶病毒（TMV）和南瓜花叶病毒（SqMV）。这些病毒随多年生宿根植株和病株残余组织遗留在田间越冬，也可由种子带毒越冬。病毒主要通过种子、汁液、传毒媒介（昆虫）及田间农事操作传播至寄主植物上，进行多次再侵染。这些病毒喜高温干旱的环境，最适发病环境温度为 $20\sim25℃$，相对湿度 80% 左右；最适病症表现期在成株结果期。发病潜育期 $15\sim25$ 天。浙江及长江中下游地区黄瓜病毒病的盛发期在 $4\sim6$ 月和 $9\sim11$ 月。年度间高温少雨，蚜虫、白粉虱、蓟马等传毒媒介大发生的年份发病重。防治媒介害虫不及时、肥水不足、田间管理粗放的田块发病重。

（4）西葫芦病毒病　主要由黄瓜花叶病毒（CMV）、西瓜花叶病毒（WMV）、南瓜花叶病毒（SqMV）、甜瓜花叶病毒（MMV）等单独或复合侵染引起。此外，侵染毒源还有少数烟草环斑病毒（TRSV）、烟草花叶病毒（TMV）、芜菁花叶病毒（TuMV）和马铃薯 Y 病毒，它们主要借助蚜虫和汁液传毒。通常高温、干旱、光照强的天气有利于发病，管理粗放、肥水供应失调的田块易发病。品种间抗病性有差异。除侵害西葫芦外，还侵害南瓜、笋瓜、甜瓜、西瓜、冬瓜等瓜类蔬菜。

（5）豇豆病毒病　侵染毒源种类多达 10 余种，主要包括豇豆蚜传花叶病毒（CAMV）、豇豆花叶病毒（CPMV）、豆科黄化型病毒、黄瓜花叶病毒（CMV）、蚕豆萎蔫病毒（BBMV）等。豇豆病毒病初侵染源主要是田间寄主植物和带毒种子。播种带毒种子，产生病苗，形成中心病株，再借助蚜虫传播蔓延。高温干旱天气，有利于蚜虫迁飞、繁殖，发病重；植株缺水少肥，生长不良或治蚜不及时，发病也重。

3. 防治措施 病毒病的防治一般采取以选用抗病品种为基础，注重农业防治，及时消灭传毒介体（蚜虫），以化学防治为辅的防治策略。

（1）农业防治 一是选用抗病、耐病品种。番茄抗烟草花叶病毒的丰产品种较多，如佳粉15、佳粉17、中杂9号、中蔬5号等。豇豆品种抗病毒病的有之豇28-2号等。二是种子处理。用10%磷酸三钠浸种30～40分钟，或用0.1%高锰酸钾溶液浸种30分钟，清水冲洗后催芽播种。三是育苗时苗床设置防虫网避蚜。四是采用配方施肥等多项健身栽培技术，增强作物抗病力。

（2）化学防治 一是叶面喷雾。我国目前已登记用于植物病毒病防治的药剂有很多种（不同生产厂家的商品名称又有所不同），可根据蔬菜种类选用不同制剂进行防治，常用防治病毒病药剂及配置浓度如下：1.5%植病灵乳油500倍液、20%病毒A（盐酸吗啉胍·铜）可湿性粉剂500倍液、5%菌毒清300倍液、抗毒丰（抗毒剂1号）200～300倍液、"NS-83"增抗剂100倍液、高锰酸钾1 000倍液，其他药剂还可选择2.8%烷醇·铜·锌·钠悬浮剂、22%异戊烯腺嘌呤类铜·锌可湿性粉剂、20%苦参·硫·钙水剂、10%混合脂肪酸水乳剂、0.5%菇类蛋白多糖水剂。二是灭蚜防病。在蚜虫发生期间，尤其是高温干旱时要注意及时喷药治蚜，预防侵染。可选用20%菊·马乳油2 000倍液、50%抗蚜威可湿性粉剂3 000～3 500倍液、73%克螨特乳油（或2.5%溴氰菊酯乳油，或2.5%功夫乳油）＋新高脂膜在周边进行喷施，防治蚜虫、蓟马、螨类等害虫，切断病毒病的传染源。三是施肥增抗防病。纽翠绿、高钾叶面肥200倍液、太抗5号（微生物几丁聚糖）300倍液喷施，每隔5～7天喷施1次，连续3次可以有效缓解病毒病。

（二）真菌性病害绿色防控技术

有机生态型无土栽培蔬菜上常发的真菌性病害有灰霉病、叶霉病、早疫病、晚疫病、霜霉病、白粉病等。主要发生在叶片上，湿度大时，病部表面产生各种霉层。病菌以菌丝或分生孢子在病残体及种子上越冬越夏，主要通过分生孢子借气流、生产工具等传播。

1. 叶霉病

（1）症状　主要危害番茄，在番茄的叶、茎、花、果实上，都会出现症状，但最常见的是发生在叶片上，初期在叶片背面出现一些褪绿斑，后期变为灰色或黑紫色的不规则形病斑，叶片正面在相应的部位褪绿变黄，叶背面病斑上长出灰紫色至黑褐色的绒状霉层，是病菌的分生孢子梗和分生孢子。条件适宜时，病叶正面也长出霉层。病害严重时可引起全叶干枯卷曲，植株呈现黄褐色干枯。果实染病，果蒂附近形成圆形黑色病斑，硬化稍凹陷，不能食用。嫩茎及果柄上的症状与叶上相似。老百姓俗称"黑毛病"。

（2）病原及发病规律　从发病的顺序看，经常从植株下部向上蔓延、9～34℃病菌都能生长发育，最适发育温度是20～25℃。在最适温度及相对湿度在80％以上时，仅需10～15天就可普遍发病。

病原菌为真菌半知菌亚门的褐孢霉［*Fulvia fulva*（Cooke）Cif.］。病菌主要以菌丝体或菌丝块在病株残体内越冬，也可以分生孢子附着在种子上或以菌丝体在种皮内越冬。翌年环境条件适宜时，产生分生孢子，借气流传播，从叶背的气孔侵入，还可从萼片、花梗等部位侵入，并进入子房，潜伏在种皮上。

病菌喜高温、高湿环境，发病最适温度20～25℃，相对湿度95％以上。番茄的感病生育期是开花结果期。多年连作、通风不良、空气湿度大时发病较重。一般气温22℃上下，相对湿度90％以上，有利于病原侵染和病害发生。空气相对湿度低于80％，影响孢子的形成和萌发，不利于病害发生。

（3）防治方法　一是农业防治。加强温湿度管理，培育壮苗；合理密植，发病前或发病初期摘除病叶及老叶，以利于棚内番茄植株通风透光；进行膜下暗灌，注意通风排湿，合理轮作。二是化学防治。发病严重的拔除病秧后，及时喷 2％农抗 120 瓜菜型 200 倍液或 4％农抗 120 瓜菜型 600 倍液进行全面保护。喷药时特别注意叶片背面，并且喷洒要均匀、周到。也可用 50％扑海因可湿性粉剂 1 000～1 500 倍液，或 75％百菌清可湿性粉剂 600 倍液，或 58％甲霜灵·锰锌可湿性粉剂 500 倍液，或 64％杀毒矾可湿性粉剂 500 倍液田间喷雾预防。发病后可用 70％代森锰锌可湿性粉剂 500 倍液，或 50％多菌灵可湿性粉剂 500 倍液，或 50％甲基托布津可湿性粉剂 800 倍液，或 64％杀毒矾可湿性粉剂 500 倍液，或 58％甲霜灵·锰锌可湿性粉剂 500 倍液田间交替喷雾防治。

2. 早疫病

（1）症状 早疫病主要发生于茄科蔬菜上，主要危害叶片，也可危害幼苗、茎和果实。幼苗染病，在茎基部产生暗褐色病斑，稍凹陷有轮纹。成株期叶片被害，多从植株下部叶片向上发展，初呈水渍状暗绿色病斑，扩大后呈圆形或不规则形的轮纹斑，边缘多具浅绿色或黄色的晕环，中部呈同心轮纹状，潮湿时病斑上长出黑色霉层（分生孢子及分生孢子梗），严重时叶片脱落。茎部染病，病斑多在分枝处及叶柄基部，呈褐色至深褐色不规则圆形或椭圆形病斑，凹陷，具同心轮纹，有时龟裂，严重时造成断枝。青果染病，多始于花萼附近，初为椭圆形或不规则形褐色或黑色斑，凹陷，后期果实开裂，病部较硬，密生黑色霉层。叶柄、果柄染病，病斑灰褐色，长椭圆形，稍凹陷。

（2）病原及发病规律 早疫病是由链格孢菌侵染所致，在真菌分类中，属于半知菌亚门链格孢属。其主要侵染体是分生孢子。棒状的分生孢子暗褐色，通过气流、雨水溅流，传染到寄主上，经气孔、伤口或者从表皮直接侵入。在植物体内繁殖大量的菌丝，然后产生分生孢子梗，进而产生分生孢子进行传播。一季作物收获后，菌丝体和分生孢子随病残组织落入栽培基质中进行越冬。有的分生孢子可残留在种皮上随种子一起越冬。分生孢子比较顽固，通常条件下可存活 1～1.5 年。同时产生的活体菌丝可在 1～45℃的广泛温度范围中生长，在 26～28℃ 时，生长最快。侵入寄主后，2～3 天就可形成病斑，3～4 天病斑上就可形成大量的分生孢子。由此而进行多次重复再侵染。在发病的各种条件中，主要条件是温度和湿度。从总的情况看，温度偏高、湿度偏大有利于发病。28～30℃ 时，分生孢子在水滴中 35～45 分钟的短暂时间内就可萌芽。除去温湿度条件外，发病与寄主生育期也很密切，当番茄植株进入 1～3 穗果膨大期时，在下部和中下部较老的叶片上开始发病，并发展迅速，然后随着叶片向上逐渐老化而向上扩展，大量病斑和病原都存在于植株下部、中下部和中部。肥力差、管理粗放时发病更重。

（3）防治方法 一是种子消毒。采用温汤浸种法。对于温室栽培的番茄种子宜选择用 55℃ 温水浸种 30 分钟，以消灭种子表皮的病菌，再用 0.1% 高锰酸钾溶液浸种 30 分钟，取出种子后用清水漂洗几次，最后催芽播种。二是进行轮作倒茬，减少初侵染源。三是生态防治。加强棚室内温湿度科学管理，形成不利于病害发生的环境条件。及时通风，适当控制浇水，浇水后及时通风降湿；及时整枝打杈，摘除病叶，以利通风透光；实施配方施肥，避免氮肥过多，适当增加磷、钾肥。四是药剂防治。在发病初期喷雾，着重喷洒于叶片背面，每隔 7～10 天喷雾 1 次，连续防治 1～3 次，具体视病情发展而定。药剂可选用 50% 扑海因悬浮剂 1 000 倍液、75% 百菌清可湿性粉剂 600～800 倍液、50% 甲基托布津可湿性粉剂 500～600 倍液、70% 代森锰锌可湿性粉剂 400～500 倍液或 64% 杀毒矾可湿性粉剂 400～500 倍液，结合 45% 百菌清烟剂熏蒸防治。上述药剂一定要交替使用，避免病菌产生抗药性。

3. 晚疫病

（1）症状 番茄晚疫病属真菌性病害，整个生育期都可发病，幼苗、叶、茎、果实都可发病，以叶片和青果受害为主。

病斑大多先从叶尖或叶缘开始，初为水渍状褪绿斑，后逐渐扩大。在空气湿度大时病斑迅速扩展到大半叶以至全叶，并可沿叶脉侵入到叶柄及茎部形成褐色条斑。最后植株叶片边缘长出一圈白霉，雨后或有露水的早晨叶背上最明显，湿度特别大时叶正面也能产生。天气干旱时病斑干枯成褐色，叶背无白霉，质脆易裂，扩展慢。茎部皮层形成长短不一的褐色条斑，病斑在潮湿的环境下长出稀疏的白色霜状霉。

幼苗染病后，病斑由叶片向主茎蔓延，使茎变细并呈褐色，导致全株萎蔫或折倒，湿度大时表面生白霉。

叶片染病后，多从植株下部叶尖或叶缘开始发病，初为暗绿色水渍状不规则形病斑，扩大后转为褐色，高湿时叶背病斑边缘长出白毛。

茎上发病后，病斑呈黑色腐败状，破坏植株维管束，引起水分供应受阻，导致植株萎蔫。

果实感病主要在青果上，病斑初呈水渍状暗绿色，后变成暗褐色至棕褐色，稍凹陷，边缘明显，云纹不规则，果实一般不变软，湿度大时，其上长少量白霉，迅速腐烂。

（2）发病条件　一是气候条件。番茄晚疫病在相对湿度95%以上才能产生病菌；病菌产生的最适温度为18～22℃，最低7℃，最高25℃，感病品种在现蕾开花前后，只要有两天时间白天温度在22℃左右，相对湿度有8小时保持在95%以上，夜间转凉，温度在10～13℃，叶片有水滴，保持11～14小时，病原菌就可以侵染发病。二是生育期的影响。一般幼苗期抗病力强，而开花期前后最易感病；植株生长后期一般生活力较弱，易于感病。三是栽培技术条件。地势低洼、排水不畅的地块发病重；密度大或株型高大会使小气候湿度增加，也利于发病；偏施氮肥引起植株徒长，土壤瘠薄或黏土等使植物生长衰弱，有利于病害发生。增施钾肥可降低病菌危害。

（3）防治方法　生产中做到精心管理，保证番茄正常生长所需的温度、光照、湿度、水分、空气、养分条件，不给病害创造适于发病的环境条件，是防治晚疫病最有效的方法。一是农业防治。包括合理密植，株距以40～45厘米为宜，番茄坐果3～4穗后，第一穗果转红或2～3穗果实发白时，可适当打去下部叶片，便于生产中、后期枝繁叶茂时利于见光，尽可能增强垄间、株间通风透光能力，以降低空气湿度。进入深冬加强温室保温管理。要及早封压风口，适时进行拉放棉被保温，确保夜间气温≥12℃，第二天及早揭帘并通风排湿。采用膜下软管滴灌，降低棚内空气湿度，早晨拉帘后可先扒一小风口排出室内湿气，过后再根据天气和室内温度打开风口控制室内温度，力争白天保持25℃左右。下午室内气温降至20℃时关闭风口，放帘前半小时再次扒一小风口排出室内湿气。二是化学防治。在日常生产管理工作中，要精心观察，做到早发现、早治疗，在发病初期打药防治效果最好。主要措施包括：①烟雾剂熏杀。用45％百菌清烟剂，每667米^{2}用量110～118克，分放7～8处，傍晚点燃闭棚过夜，7天熏1次，连熏2～3次。②喷雾。可用50％早疫晚疫灵可湿性粉剂800倍液、52.2％杜邦抑快净可湿性粉剂500倍液、72％克露可湿性粉剂400～600倍液、72.2％普力克水剂800倍液喷雾防治。

4. 灰霉病

（1）症状 灰霉病主要危害叶、幼果及茎。除侵染黄瓜外，还可侵染茄子、番茄、菜豆等蔬菜作物。番茄发病可产生多种症状类型。

①叶片发病。病斑有V形、不规则形和圆形轮纹斑等3种形状。V形病斑指叶片被病菌侵染后呈V形向内扩展，边缘水渍状，浅褐色，之后叶片干枯。不规则形病斑指番茄底部叶片受肥害后易发病，病斑从叶边缘向叶内发展，呈不规则形。圆形轮纹病斑指番茄开花结果时叶片感染灰霉病，初期为水渍状小点，后发展为浅褐色近圆形轮纹斑。

②叶柄发病。初期为水渍状褐色斑块，然后向内和周围扩展，严重时叶柄折断。茎发病分主干、枝条和茎基发病。

主干、枝条发病：病斑长椭圆形、边缘深褐色，病部以上枝条萎蔫，枯死。

茎基部发病：土壤中的病菌直接侵染番茄的茎基部，最初呈水渍状病斑，然后向周围扩展，表面生大量灰色霉层（菌丝），严重时病斑扩展绕茎一周，引起番茄茎基部腐烂，全株死亡。

③花部发病。病菌侵染花瓣，长出淡灰褐色的霉层，引起落花和烂花。

④果实发病。引起"花果面斑"和烂果。灰霉病直接在果面侵入，果实上形成外缘白色、中央绿色、直径 3～8 毫米的面斑，俗称"花果面斑"。病菌侵染番茄果实上残留的花瓣或果实的柱头，再扩展到果实上，引起落果和烂果。

（2）病原及发病规律　病原为半知菌亚门灰葡萄孢。在温室大棚低温高湿、通风条件差的情况下，一旦发病且未能及时防治，就会造成严重损失，一般减产 20％～30％，迫使提前拉秧，有的全棚萎蔫。病菌以菌丝或分生孢子或菌核附着在病残体上或遗留在土壤中越冬。分生孢子可在病残体上存活 4～5 个月。越冬的分生孢子、菌丝、菌核成为翌年的侵染源。病菌靠气流、农事操作等传播蔓延。瓜类结瓜期是该病侵染和烂瓜的高峰期。光照弱、高湿度（94％）、温度 20℃是灰霉病高发条件。气温高于 30℃或低于 5℃且湿度 85％以下时病害不发生，苗期和开花期最易染病。

（3）防治方法　一是清除病残体。收获后期彻底清除或烧毁病果、病株，减少棚内初侵染源。苗期、果实膨大前及时摘除病花、病果、病叶，带出温室外深埋，减少再侵染源。果实侵染的主要部位是残留在果上的花瓣及柱头位置，因此在番茄谢花后 7～15 天及时摘除幼果上残留的花瓣及柱头。为提高摘除花瓣的效率，可在防落素中加入 2,4-滴蘸花。二是加强管理。加强通风换气，适量浇水，忌在阴天浇水，防止温度过高、过低；注意保温，防止寒流侵袭。及时打扫清理病残体，集中深埋或烧掉，保持温室环境清洁。三是化学防治。发病初期，可采用烟雾法或粉尘法防治。烟雾法用 20％速克灵烟剂，每 667 米² 每次用药 200～250 克，或用 50％农利灵烟剂，每 667 米² 每次用药 250 克。熏 3～4 小时，一般可傍晚熏烟，翌晨打开门窗通风换气。粉尘法于傍晚喷撒 10％速灭克粉尘剂，或 5％百菌清粉尘剂，或 10％杀霉灵粉尘剂，每 667 米² 每次用药 1 千克，隔 7～10 天喷 1 次，交替喷 2～3 次。也可喷洒

50％速克灵可湿性粉剂 1 000～1 500 倍液，或 50％扑海因（异菌脲）可湿性粉剂 1 000～1 500 倍液，或 50％甲基托布津可湿性粉剂 500 倍液。每隔 7～10 天喷药 1 次，连喷 2～3 次，每 667 米² 每次喷药液 50～80 千克，上述杀菌剂预防效果好于治疗效果，发病后用药，应适当加大药量。为防止产生抗药性，提高药效，提倡将几种药剂轮换交替或复配使用。

5. 霜霉病

（1）症状 主要危害十字花科蔬菜及黄瓜、西葫芦、蚕豆、菠菜、莴笋、萝卜等作物的叶片。俗称"跑马干""黑毛"，是黄瓜上最严重的病害之一。苗期、成株期均可发病，主要危害叶片，幼苗出土后，子叶即可染病，出现褪绿色不规则形小斑点，苗期被害，叶片正面呈褪绿色斑，叶背有白色霜状霉层，严重时叶片枯死。成株期被害，初叶正面有褪绿斑，渐发展成黄褐色，叶背有白色霉层，病斑发展受叶脉限制而呈多角形，严重时病斑合并扩大，整叶枯死不穿孔。早晨露水未干时，病斑周围呈暗绿色水渍状，湿度大时病斑背面有黑绿色霉层。

（2）病原及发病规律 病害由鞭毛菌亚门古巴假霜霉引起，病菌喜温湿条件，低于 10℃ 或高于 28℃ 较难发病，低于 5℃ 或高于 30℃ 基本不发病。适宜的发病湿度为 85％ 以上，特别是在棚内有结露，叶面有水滴、水膜，是该病传播、流行的关键。湿度低于 70％，病菌孢子难以发芽侵染；湿度低于 60％，病菌孢子不能产生。该病主要侵染功能叶片，而嫩叶、老叶受害较轻，因之发病多从植株的中下部位开始，并渐向上发展。该病发生多从由营养生长转向生殖生长时期开始，此时施药防治最为有利。天气忽冷忽热、昼夜温差大、叶面结露时间长、多阴雨、少光照的天气以及地势低洼、浇水过多过勤、密度过大都能促进该病的发生和流行。在温室中，人们的生产活动是霜霉病的主要传染源。

（3）防治方法 一是选择抗病品种。黄瓜上，可选择津春系列、津优 30、津杂 2 号、津杂 3 号等。二是生态防治。首先要调控好温室内的温湿度，要利用温室封闭的特点，创造一个高温、低湿的生态环境条件，控制霜霉病的发生与发展。温室内，夜间空气相对湿度多高于 90%，清晨拉帘后，要随即开启通风口，通风排湿，降低室内湿度，并以较低温度控制病害发展。9：00 后室内温度上升加速时，关闭通风口，使室内温度快速提升至 34℃，并要尽力维持在 33～34℃，以高温降低室内空气湿度和控制该病发生。15：00 后逐渐加大通风口，加速排湿。覆盖草帘前，只要室温不低于 16℃要尽量加大风口，若温度低于 16℃，须及时关闭风口进行保温。放帘后，可于 22：00 前后，再次从草帘的下面开启风口（通风口开启的大小，以清晨室内温度不低于 10℃为限），通风排湿，降低室内空气湿度，使环境条件不利于霜霉病孢子囊的形成和萌发侵染。

如果霜霉病已经发生并蔓延开，可进行高温灭菌处理。在晴天的清晨先通风浇水、落秧，使黄瓜瓜秧生长点处于同一高度，10：00时，关闭风口，封闭温室，进行升温。注意观察温度（从顶风口均匀分散吊放 2～3 个温度计，吊放高度与生长点同），当温度达到 42℃时，开始记录时间，维持 42～44℃达 2 小时，后逐渐通风，缓慢降温至 30℃。可比较彻底地杀灭黄瓜霜霉病菌与孢子囊。三是平衡施肥及补充二氧化碳（CO_2）气肥。四是药剂防治。发病初期喷洒 72.2%普力克水剂 800 倍液、58%甲霜灵·锰锌可湿性粉剂 500 倍液、64%杀毒矾可湿性粉剂 400 倍液、72%霜疫力克 600～800 倍液，隔 7～10 天喷 1 次；或以 45%百菌清烟剂、10%防霉灵粉尘剂，每 667 米² 用 1 千克，隔 7～10 天 1 次。霜霉病化学防治上通常采用叶面喷施和烟雾剂同步进行。喷药要在晴天进行，要细致周密，操作时要开启风口。

6. 白粉病

（1）症状　除危害西葫芦外，还危害黄瓜、草莓、辣椒、菜豆等多种蔬菜，苗期至成株期均可发生，主要侵害叶片。发病初期在叶面产生白粉状浅黄色小斑点，以后渐渐扩大成不规则形粉斑，并互相汇合，病斑上覆盖一层白粉，叶背有紫色或褐色斑，严重时整个叶片布满白粉，叶片枯黄，一般不脱落。茎受害，幼茎上产生白色近圆形的小粉斑，后逐渐扩大成边缘不明显的连片白粉，茎干缩、枯黄。

（2）病原及发病规律　白粉病由子囊菌亚门的单丝壳白粉菌引起。白粉病多数在植株生长中、后期发生，发病初叶片上产生白色粉斑，以后逐渐扩大，全株布满白色粉状物。病菌靠气流、农事工具传播。在湿度较大、定植过密、光照不足、偏施氮肥的情况下发病严重。气温 20～24℃，相对湿度大的条件下，易发生流行。昼暖夜凉和多露潮湿，有利该病发生。但在干旱的环境下，植株生长不良，抗病力弱，有时发病更为严重。

（3）防治方法　一是农业防治。轮作倒茬，降低菌源基数，可减轻病害的发生；选择抗病品种和无病种苗；及时摘去老叶病叶，并将老病叶带出田外集中销毁，减少再侵染的概率；合理施肥，防止重施氮轻施磷，增施钾肥；合理灌溉，控制田间湿度，减轻病害的发生。二是化学防治。发病初期，用 45%硫悬浮剂 300～400 倍液、70%甲基托布津可湿性粉剂 600 倍液、50%扑海因可湿性粉剂 1 000～1 500 倍液交替喷雾防治，7 天 1 次，连喷 2～3 次。也可用 45%百菌清烟剂熏棚预防，每 667 米² 每次用量 200～250 克，连熏 3～4 次。个别植株刚发病时也可用小苏打 500 倍液喷雾防治，3 天 1 次，连喷 4 次。还可用硫黄蒸发器防治。

四、非耕地日光温室蔬菜主要害虫绿色防控技术

（一）白粉虱

1. 寄主及危害　温室白粉虱是世界性害虫，随着保护地栽培的迅速发展，20 世纪 70 年代中期以来温室白粉虱的分布和危害有扩大和加重的趋势，特别是近几年来，其发生和蔓延的趋势更迅猛，也是有机生态型无土栽培中的重要害虫。

白粉虱寄主范围十分广泛，可危害蔬菜、粮食、花卉等 800 多种植物，蔬菜中以黄瓜、番茄、茄子、豆类等受害最重，也危害甘蓝、花椰菜、芹菜、油菜、白菜、萝卜、莴苣等各种蔬菜及花卉。常以成虫、若虫群栖于叶背，刺吸叶片汁液，使叶片变黄萎蔫，不

能正常生长。另外，成虫、若虫分泌的大量蜜露污染叶片和花蕾，引起煤污病，蜜露还能堵塞叶片气孔，影响光合作用和呼吸作用，一般可使蔬菜减产 10%～30%，此外，它还可传播病毒病，形成更大的危害。

2. 生活习性　　白粉虱繁殖力很强，一年可发生 8～10 代，世代重叠现象明显，以多种虫态在蔬菜上危害。成虫具有趋光性、趋黄性、趋嫩性，喜欢在幼嫩的组织上取食和产卵，该虫在 8：00～10：00 活动性最强，应在此时进行防治，活动最适温度为 22～30℃，繁殖适温 18～21℃，此虫在温室中能安全越冬。

3. 防治方法　　无土栽培温室防治白粉虱的策略是以农业防治为基础，加强栽培管理，以培育"无虫苗"为重点，合理使用化学农药，积极开展生物防治和物理防治等综合措施，可有效地控制白粉虱的危害。一是农业防治。高温闷棚，在生产结束后进行高温闷杀，或用高浓度农药熏蒸，彻底消灭残留虫源。培育无虫壮苗，"无虫苗"指采取穴盘进行无土育苗技术，生产的菜苗无虫，或虫量很低。育苗前彻底进行温室消毒，可用高浓度药剂加温熏蒸消灭残余虫口，清除杂草、残株，减少中间寄主，通风口增设防虫网等以防外来虫源侵入，即可培育出"无虫苗"。同时在定植前做好温室消毒灭虫。二是生物防治。白粉虱体被有蜡粉，抗药力较强。连续使用同一种药剂后，抗药性迅速增加，单纯使用化学药剂往往不能控制其危害。据国内外报道，在温室人工释放丽蚜小蜂、中华草蛉、赤座霉等天敌防治白粉虱已取得成功，可见这是很有前途的技术措施。人工释放丽蚜小蜂，在温室番茄、黄瓜上防治温室白粉虱效果较好。丽蚜小蜂主要产卵在温室白粉虱的若虫和蛹体内，被寄生的白粉虱经 9～10 天变黑死亡。以番茄为例，当温室白粉虱成虫平均达到每株番茄 0.5～1 头时，开始放蜂，每株放成蜂 3 头或黑蛹 5 头，每隔 2～3 周放 1 次，自第二次放蜂起可根据当时粉虱数量适当增加到每株 5 头成蜂或 8 头黑蛹，一般每株放蜂总数在 15 头左右，连续 3 次即可。人工释放中华草蛉，一头草蛉一生平均能捕食白粉虱若虫 172.6 头，还可捕食白粉虱成虫、卵等各虫态，并均能正常生长发育。三是物理防治。利用温室白粉虱强烈的趋黄习性，设置黄板进行诱杀，黄板还可诱杀有翅蚜、斑潜蝇。四是化学防治。为避免化学农药对作物的污染，应选择无污染的生物制剂和少量污染的烟雾剂，药剂防治白粉虱以 8：00～10：00 喷药为好。喷药时先喷叶片正面，然后再喷叶片背面，这样惊飞起来的白粉虱落到叶表面也能触药而死，防治的主要药剂是 25％扑虱灵可湿性粉剂 2 500 倍液，隔 7 天喷雾 1 次效果很好。烟雾剂可用沈农 4号，每 667 米^2 用 330～370 克，密闭温室点燃放烟保持 4～7 小时，在 7～9 天内连续施用 2～3 次，如虫口密度过大还应增加 3 次，也可用敌敌畏＋锯末或用蚜虱毙等烟剂熏蒸。

（二）美洲斑潜蝇

1. 寄主及危害　我国斑潜蝇种类很多，由于其虫体都很小，往往难以区别。危害较严重、分布较广的主要是美洲斑潜蝇。美洲斑潜蝇可以寄生危害黄瓜、番茄、茄子、辣椒、豇豆、蚕豆、大豆、菜豆、芹菜、甜瓜、西瓜、冬瓜、丝瓜、西葫芦、蓖麻、大白菜、棉花、油菜、烟草等 22 科 110 多种植物。以葫芦科、茄科和豆科植物受害最重，对叶片的危害率可达 10％～80％，受害蔬菜一般减产 30％～40％，严重时甚至绝收。

以幼虫取食叶片正面叶肉，形成先细后宽的蛇形弯曲或蛇形盘绕虫道，其内有交替排列整齐的黑色虫粪，老虫道后期呈棕色的干斑块区，一般 1 虫 1 道，1 头老熟幼虫 1 天可潜食 3 厘米左右。成虫在叶片正面吸取植株叶片汁液，刺伤叶片细胞，形成针尖大小的近圆形刺伤"孔"，造成危害。"孔"初期呈浅绿色，后变白，肉眼可见。卵产于植物叶片叶肉中；初孵幼虫潜食叶肉，主要取食栅栏组织，并形成隧道，隧道端部略膨大；老龄幼虫咬破隧道的上表皮爬出道外化蛹。幼虫和成虫的危害可导致幼苗全株死亡，造成缺苗断垄；成株受害，可加速叶片脱落，引起果实日灼，造成减产。斑潜蝇还可传播病害，特别是传播某些病毒病。生产中主要随寄主植物的叶片、茎蔓而传播。

2. 形态特征　成虫体小，浅灰黑色。额鲜黄色，侧额上部分色深，甚至黑色，中胸背板黑色；中胸侧板黄色，有一黑色区。翅长 $1.3 \sim 1.7$ 毫米，足基节和腿节鲜黄色，胫节和跗节色较暗，前足为黄褐色，后足为黑褐色。腹部大部分为黑色，背板两侧黄色。卵椭圆形，长径为 $0.2 \sim 0.3$ 毫米，短径为 $0.10 \sim 0.15$ 毫米，米色，半透明。幼虫蛆状，初孵化色浅，渐变淡黄绿色，后期橙黄色，长约 3 毫米；后气门突呈近圆锥状突起，顶端三分叉，各具 1 个开口，两端突起呈长形；幼虫共 3 龄。蛹椭圆形，围蛹，腹面稍扁平；长 $1.7 \sim 2.3$ 毫米，橙黄色，后气门突与幼虫相同。

3. 生活习性 成虫具有趋光、趋绿和趋化性，对黄色趋性更强。有一定的飞翔能力。在温室内一年发生 $10 \sim 12$ 代，世代交替重叠。成虫以产卵器刺伤叶片，吸食汁液，并把卵产在伤口表皮下，经 $2 \sim 5$ 天孵化，幼虫期 $4 \sim 7$ 天，幼虫交配繁殖力强，在叶表皮或土表皮下化蛹，蛹 $7 \sim 14$ 天即可羽化为成虫。成虫多在 $8：00 \sim 12：00$ 羽化，喜在阳光下活动、取食，在此时间防治效果最好。此虫在酒泉市肃州区露地栽培时不能安全越冬。

4. 防治方法 一是加强植物检疫，防止该虫扩大蔓延。二是农业防治。适当稀植，增加通透性，注意棚内清洁，及时摘除虫叶，集中销毁。三是生物防治。可释放姬小峰、潜蝇茧蜂、反颚茧蜂等天敌，前一种营外寄生，后两种营内寄生。或在幼虫期喷生物农药如 0.2％阿维虫清（又名齐螨素）乳油 1 500 倍液、25％灭幼脲三号悬浮剂 1 000 倍液、5％抑太保 2 000 倍液进行防治。四是物理防治。在温室设置放风口时，在放风口处要设置防虫网，防止成虫迁入；利用其趋黄性进行黄板诱杀，或采用灭蝇纸诱杀成虫，在成虫始盛期至盛末期，每 667 米² 温室张挂 $30 \sim 40$ 块黄板。五是化学防治。于卵孵化高峰期在 $8：00 \sim 10：00$ 对叶片正反面喷药，防治效果最好，可选用 5％卡死特乳油 2 000 倍液、0.2％阿维虫清 2 000 倍液、48％乐斯本乳油 $800 \sim 1 000$ 倍液、2.5％吡虫啉乳油 2 000 倍液、1.8％阿维菌素乳油（虫螨克）2 000 倍液、25％斑潜净乳油 1 500 倍液、5％来福灵乳油 3 000 倍液等，每隔 $7 \sim 10$ 天喷

1次，连喷3～4次。同时用斑潜净、棚清等烟剂于傍晚进行熏蒸。由于斑潜蝇对农药抗性产生快，防治时注意交替用药。

（三）蚜虫

1. 寄主及危害　在蔬菜上常见蚜虫种类很多，主要有桃蚜、萝卜蚜、瓜蚜、甘蓝蚜等，蚜虫寄主范围很广，桃蚜主要危害十字花科、菊科和茄科等作物；瓜蚜主要危害葫芦科、豆科和茄科作物；萝卜蚜和甘蓝蚜主要危害十字花科作物等。蚜虫具有群集特性，多集中在叶背面和嫩茎上，刺吸植物汁液，蚜虫繁殖力强，数量多，危害大，常使植物生长不良。此外，蚜虫可传播病毒，引发许多种病毒病。

萝卜蚜、桃蚜和瓜蚜一般在春秋两季各有一个发生高峰。春季随气温升高，蚜量渐增，而夏季高温则抑制了蚜虫的繁殖，数量下降。秋季气温降低，蚜虫再度大量繁殖形成第二个危害高峰，晚秋低温则又使蚜量下降。3种蚜虫在无土栽培中1年可以发生20～30代。无滞育现象，可终年危害。其主要天敌有瓢虫、蚜茧蜂、食蚜蝇、草蛉、捕食螨、蚜霉菌等，对蚜虫的繁殖起到一定抑制作用。

2. 生活习性　蚜虫在生活条件较好的情况下，多产生无翅蚜，环境条件变差如干旱缺水、植株衰老、蚜量过大时，就产生有翅蚜进行迁飞。蚜虫多在温室内或枯草等地方越冬，一年发生多代，各种蚜虫都以成蚜刺吸芽叶嫩梢、幼果汁液，导致叶片发黄、皱缩、萎蔫，幼嫩组织扭曲，幼苗生长停止至整株凋萎枯死，其传播病毒危害往往大于其本身造成的危害。

3. 防治方法　一是农业防治。及时清除田间虫株、虫叶、虫果及周围杂草，减少蚜虫数量。二是物理防治。利用黄板进行诱杀，从蔬菜苗期或移栽定植时开始使用，可以有效控制害虫的繁殖数量或蔓延速度。每667米^{2}温室张挂30～40块黄板。诱虫板下沿比植株生长点高15～20厘米，并随着植株生长相应调整悬挂高度。当蔬菜生长达到一定高度后可将诱虫板悬挂于植株中部或中上部（害虫最密集的地方）。黄板诱杀蚜虫的最适高度为30～40厘米，对搭架蔬菜应顺行，使诱虫板垂直挂在两行中间蔬菜植株中上部或上部。三是化学防治。在蚜虫扩散时及时选择兼有触杀、内吸、熏蒸作用的药剂进行喷洒防治。可喷施 10%吡虫啉可湿性粉剂 1 000 倍液，或 20%好年冬可湿性粉剂 1 000 倍液，或 21%灭杀毙 6 000 倍液，每 10 天喷 1 次，连喷 2～3 次。也可用 80%敌敌畏乳油按每 667 米² 150～200 克对水 1～2 千克，拌沙 20～30 千克，于傍晚撒于行间，或用 80%敌敌畏 250～400 克加锯末 2～3 千克点燃熏蒸；或用蚜虱毙、虫螨净、棚虱灵等烟雾剂熏蒸。

(四) 蓟马

1. 寄主及危害　温室大棚中发生的蓟马主要是葱蓟马，又名烟蓟马、棉蓟马等，属缨翅目蓟马科。主要危害洋葱、葱、大蒜、韭菜、茄子、白菜、马铃薯、辣椒及瓜类蔬菜等。蓟马以成虫和若虫吸取嫩梢、嫩叶、花和幼果的汁液造成危害，叶面上出现灰白色长形的失绿点，受害严重可导致花器早落，叶片干枯，新梢顶芽被害叶片叶缘卷曲不能伸展，呈波纹状，叶脉淡黄绿色，叶肉出现黄色锉伤点，似花叶状，最后被害叶变黄、变脆、易脱落；新梢顶芽受害，生长点受抑制，出现枝叶丛生现象或顶芽萎缩。蓟马已对大棚作物的高效生产产生了较大的影响。特别是蓟马一经发生很难消除干净，喷药之后防治效果不明显，成为菜农比较头疼的一种害虫。为达到药到虫死的目的，菜农总是任意加大用药量，使得害虫的抗药性大大增强，有时蔬菜已经出现了药害也没有将害虫防治彻底。

2. 形态特征　成虫体长 1～1.3 毫米，浅黄色至深褐色。翅细透明，周缘密生许多细长毛。卵长 0.2 毫米，肾脏形，逐渐变成卵圆形。若虫体似成虫。一龄若虫体长 0.3～0.6 毫米。四龄若虫（伪蛹）体长 1.2～1.6 毫米，触角翘向头胸部背面。

3. 生活习性　国内广泛分布，北方一年发生 6～10 代，温室大棚内代数更多，主要以成虫、若虫在未收获的葱、洋葱、蒜叶鞘内越冬，少数以伪蛹在残株、杂草及土中越冬。在华南地区可周年发生危害。翌春成虫、若虫开始活动危害。成虫活泼、善飞，能借风力迁飞扩散，但怕光，白天常在叶背或叶脉、叶腋处，早、晚、阴天和夜里才到叶面取食。卵散产在茎、叶组织中，可营孤雌生殖，雄虫只在秋天出现，雌虫将产卵管刺入叶组织中产卵，卵发育到后期在叶表面可见小的突起。刚孵化若虫有群居危害习性，稍大后即分散。一至二龄是危害时期，二龄后期入土并度过三至四龄阶段，最后羽化为成虫。此虫喜欢温暖和较干旱的环境条件，在北方冬季和早春还危害温室黄瓜、茄子、辣椒等蔬菜。

4. 防治方法　严防蓟马持续循环危害，定植前做好大棚灭虫工作，并要防止幼苗及人为传入蓟马。一是利用粘虫板诱杀。蓟马对蓝色有强烈趋性。可在温室内植株行间挂蓝色粘虫板，每 667 米^2 温室张挂 30～40 块。二是清洁温室大棚，将枯枝残叶和杂草集中毁掉。三是根据蓟马生活习性用药。蓟马繁殖快，其一至二龄在地上部危害，二龄后入土化蛹羽化，羽化后成虫再危害地上部。在田间蓟马形成不同虫态、方位等的发生态势，增加了其发生的隐蔽性，造成用药难以彻底防治，因此在防治时要地上地下同时进行，在蓟马大发生时可结合浇水冲施杀灭蓟马的农药。以消灭地下的若虫和蛹。根据蓟马的聚集特性（蓟马晴天喜欢隐藏在蔬菜的花器内，造成防治较难），喷药重点部位在花器、叶背及生长点等处。发现蓟马要及早施用内吸性杀虫剂进行防治。常用药物有啶虫脒、噻虫嗪、烯啶虫胺、吡虫啉、阿维菌素、联苯菊酯等，利用早晨或傍晚蓟马多潜伏叶背时喷药，每 7～10 天喷 1 次。为延缓抗药性的产生，每种药物最多连续不能超过 2 次。严禁施用禁用农药，以确保蔬菜食用安全。

（五）朱砂叶螨

1. 寄主及危害　冬春日光温室大棚蔬菜发生的红蜘蛛主要是朱砂叶螨和二斑叶螨。其中朱砂叶螨是一种广泛分布于温带的农林大害虫，在中国各地均有发生。可危害的植物有 32 科 113 种，其中蔬菜 18 种，主要有茄子、辣椒、马铃薯、西瓜、豆类、葱和苋菜等。朱砂叶螨也是棉花、甘薯、玉米、高粱、向日葵等作物的重要害虫。常以成螨和若螨群栖在叶背面吸食汁液，尤以叶片中脉两侧虫量最为集中，虫量大时分布全叶。受害初期叶片褪绿，叶正面出现白色小斑点，严重时叶片变锈褐色，整片叶枯焦脱落，大发生时常导致叶片落光，全株死亡，缩短结果期，受害果实的果皮粗糙呈灰白色，影响产量和商品性。在高温干旱时，朱砂叶螨繁殖迅速，危害严重，一般先危害下部叶片，继而自下而上蔓延，并结成丝网。由于朱砂叶螨个体小，不到1毫米，常不易发现，一旦发现其危害时，往往蔬菜叶片受害已比较严重。

2. 形态特征　朱砂叶螨又名红蜘蛛，属蛛形纲蜱螨目叶螨科。雌成螨体长约0.5毫米，宽约0.3毫米，体椭圆形，锈红色或红褐色，体两侧各有1个黑斑。有时黑斑分成前后两块。后半体表皮构成菱形图形。气门沟末端呈V形弯曲。足4对。雄体长约0.4毫米，体菱形，红色或淡红色，其形态特征同雌体。卵圆形，直径约0.13毫米，初产时无色透明，逐渐变为淡黄色至橙红色，近孵化前呈现微红色。幼螨体长约0.15毫米，近圆形，透明，眼红色，足3对。若螨体长约0.2毫米，体色变深，体侧出现显著的块状色素，具足4对。

3. 生活习性　朱砂叶螨和二斑叶螨在温室中一年发生均在20代左右。在高温干燥的条件下发生严重，发育适温为21～30℃。幼螨和前期若螨不甚活动。后期若螨则活泼贪食，有向上爬的习性。先危害下部叶片，而后向上蔓延。叶螨营两性繁殖，有的也可孤雌生殖，孤雌生殖的后代多数为雄虫。繁殖数量过多时，常在叶端群集成团，滚落地面，向四周爬行扩散。朱砂叶螨发育起点温度为7.7～8.5℃，最适温度为25～30℃，最适相对湿度为35%～55%，因此高温低湿的条件下危害重，尤其干旱年份易于大发生。但温度达30℃以上和相对湿度超过70%时，不利其繁殖。

4. 防治方法　一是农业生态防治。及时摘除植株下部老叶、有虫叶，并带出棚外烧毁。避免干旱，适时适量浇水，氮、磷、钾配合使用，不偏施氮肥。促进植株健壮生长，增强抗虫能力。调节棚内温湿度，创造高温高湿的环境，及时浇水，以抑制其蔓延。二是生物防治。利用有效天敌，如长毛钝绥螨、德氏钝绥螨、异绒螨、塔六点蓟马和深点食螨瓢虫等，有条件的地方可保护或引进释放。当田间的益害比为 1∶10～15 时，一般在 6～7 天后，害螨将下降 90％以上。三是化学防治。加强田间害螨监测，在点片发生阶段注意挑治。轮换施用化学农药，尽量使用复配增效药剂或一些新型的高效低毒无残留药剂。效果较好的药剂有 40％菊·杀乳油 2 000～3 000 倍液、40％菊·马乳油 2 000～3 000 倍液、20％螨卵脂可湿性粉剂 800 倍液、1.8％农克螨乳油 2 000 倍液、20％螨克乳油 2 000 倍液、1.8％阿维菌素乳油 3 000 倍液、25％灭螨猛可湿性粉剂 1 000～1 500 倍液。每隔 7～10 天喷 1 次，连喷 2～3 次。

（六）野蛞蝓

1. 危害　在棚室或田间经常发生的蛞蝓有野蛞蝓、黄蛞蝓、双线嗜黏液蛞蝓，属软体动物门蛞蝓科，俗称无壳蜒蚰螺、鼻涕虫。食性杂，取食蔬菜叶片，将叶吃成缺刻、孔洞，严重时仅剩叶脉。

2. 形态识别　野蛞蝓体长 30～60 毫米，宽 4～6 毫米。体表暗灰色、黄白色或灰红色，少数有不明显的暗带或斑点。触角 2 对，暗黑色，体背前端具外套膜，为体长的 1/3，其边缘卷起，上有明显的同心圆形生长线，黏液无色。

3. 发生规律　成体、幼体均能危害多种农作物及蔬菜的叶、茎，偏嗜含水量多、幼嫩的部位，形成不规则的缺刻与孔洞，爬行过的地方有白色的黏液带。发生环境与蜗牛类似。以成体或幼体越冬。春秋季产卵，卵为白色，小粒，具卵囊，每囊 4～6 粒卵。产卵在杂草及枯叶上。孵化后幼体待秋后发育为成虫。温度 19～29℃、相对湿度 88％～95％时最为活跃，空气湿润时活动性增强。对低温有较强的忍受力，在温室中可周年生长繁殖。

4. 防治方法　一是农业防治。提倡地膜覆盖栽培，棚室要通风透光，清除各种杂物与杂草，保持室内清洁干燥。二是化学防治。可用稀释 70～100 倍的氨水喷洒杀灭；或用多聚乙醛配成含有效成分 2.5％～6％的豆饼或玉米粉毒饵，在傍晚撒施在其经常出没处；或用 75％除蜗灵粉每 667 米² 0.5 千克，或 6％密达杀螺颗粒剂 0.6 千克拌成毒土或与米糠、青草等混合拌成毒饵撒施，效果也很好。

第三节　非耕地日光温室蔬菜
生理性病害防控技术

蔬菜生理性病害主要是指由生长环境不适，营养元素的不足、比例失调或过量，空气、水和栽培基质的各种污染，生长调节剂及化学农药的药害等因素引起蔬菜作物各种生理性病害的发生与危害。病害的发生取决于蔬菜和环境两方面的因素。病害往往是成片发病，相邻植株的病征表现较为一致，但是互相不传染，若发病不严重，当病因消除后能恢复正常，具有可预防性。

一、营养元素缺乏症及调节

无土栽培除了营养供给全部采用营养液外，其他栽培管理措施和有土栽培有本质区别。但是作物生长在基质中，其缓冲能力较土壤差得多，一旦基质中缺乏某种营养元素，就会出现营养元素缺乏、过剩、盐浓度过高及酸度过高或过低等生理障害。其特点是出现症状比有土栽培更明显，症状出现快，发展速度快，短时间内会发展到很严重的程度。但是如果及时采取措施恢复也快。

(一)氮素缺乏症及调节

1. 氮素缺乏的症状　大多数蔬菜作物缺氮症状非常相似，典型的症状是外部表现为叶片褪绿，叶色浅，叶片薄，而且老叶先于幼叶表现褪绿症状，内部变化叶片叶绿素含量降低。因此，蔬菜作物的光合强度减弱，光合产物的生产和积累量减少，最终导致蔬菜生长缓慢，生长量降低。缺氮植株的根系受害比地上部轻，但是也表现出相应症状，根数少，细弱，伸长生长缓慢。严重缺氮时，全株黄白色老叶枯死，甚至停止生长，腋芽枯死或呈休眠状态。

(1) 黄瓜缺氮时叶片黄绿色，偶尔主脉周围的叶肉仍为绿色。茎细、硬，多纤维。果实淡绿色，先端表现特别明显，发育不良，果实短小，出现尖嘴瓜等营养不良现象引起畸形瓜。根系生长量小，最后变褐死亡。黄瓜正常叶片全氮含量在 3.5%～5.5%，低于 2.5%为缺氮。

（2）番茄缺氮初期老叶浅绿色，后期全株呈浅绿色，小叶细小，直立，生长缓慢，叶片主脉出现紫色，尤以下部叶片明显。缺氮果实小，而且植株抗病性减弱。番茄正常叶片全氮含量 3.5%～4.5%，低于 2.5%为缺氮。

（3）甜椒缺氮时抑制生长，叶片小，浅黄色，下部叶片黄化，植株早衰。甜椒正常叶片全氮含量 3.5%～5.5%，低于 2.0%为缺氮。

2. 氮素缺乏调节措施　出现缺氮症状后，马上叶面喷施 0.3%～0.5%尿素。每周 1 次，连续 2～3 次。叶面施肥应选择晴天上午进行，有利于叶片吸收。但是夏季不要中午高温时施用，也不要一次追肥过多，防止肥烧。

（二）磷素缺乏症及调节

1. 磷素缺乏的症状　蔬菜典型的缺磷症状常表现在叶部，但缺磷的症状不如其他元素的缺乏症表现明显。缺磷时植株生长缓慢，茎细长，富含木质素，叶片较小，叶色比较深绿，有些蔬菜叶脉呈紫红色，须根不发达，成熟植株含磷量 50%集中于种子果实中，缺磷蔬菜往往果实小，成熟慢，种子小或不成熟。不同蔬菜缺磷症状表现不同。

（1）番茄缺磷初期茎部细弱，严重时，叶片僵硬，并向后卷曲，叶正面呈蓝绿色，背面和叶脉呈紫色，叶肉组织开始时呈现紫色枯斑，逐渐扩展至整个叶片。果实发育不良。番茄正常叶片全磷含量 0.35%～0.75%，少于 0.2%为缺磷。

（2）黄瓜缺磷植株矮化，但不明显。缺磷严重时，幼叶细小，僵硬，并呈蓝绿色，子叶和老叶出现大块水渍状斑，并向幼叶蔓延，块斑逐渐变褐干枯，叶片凋萎脱落。果实暗绿并带有青铜色。黄瓜正常叶片全磷含量 0.35%～0.8%，少于 0.25%为缺磷。

（3）甜椒缺磷生长严重受阻，叶小，呈黑绿色，叶缘向上向内卷曲，下部叶片早衰。甜椒正常叶片全磷含量 0.3～0.8 微克/克，少于 0.2 微克/克为缺磷。

2. 磷素缺乏调节措施　一旦发现缺磷马上叶面配施 0.3% 磷酸二氢钾，每周 1 次，连续 2～3 次。或在有机生态专用肥中配施少量磷酸二铵，补充磷素的不足。

（三）钾素缺乏症及调节

1. 钾素缺乏的症状　蔬菜缺钾最大特征是叶缘呈现灼烧状，尤其是老叶最明显。缺钾初期植株生长缓慢，叶片小，叶缘渐变黄绿色，后期叶脉间失绿，并在失绿区出现斑驳，叶片坏死，果实成熟度不均匀。多数蔬菜对缺钾敏感，缺钾植株瘦弱而且易感病，蔬菜生育初期钾的需求量较少，进入结果期或产品器官形成期蔬菜对钾的吸收量急剧增加，所以，一般生育前期不表现明显缺钾症状，缺钾症状多表现在蔬菜快速生长期。

（1）番茄缺钾植株生长缓慢、矮小，产量降低。幼叶小而皱缩，叶缘变为鲜橙黄色，易碎，最后叶片变褐色而脱落。茎变硬，木质化，不再增粗。根系发育不良，较细弱，常呈现褐色，不再增粗。缺钾对番茄果实中维生素 C、总糖含量降低，果实成熟不均匀，抗性降低，易得病害及生理性病害——筋腐病。番茄正常叶片全钾含量 3.5%～6.3%，低于 2.5% 为缺钾，低于 1.0% 为严重缺钾。

（2）黄瓜缺钾植株矮化，节间短，叶片小。叶呈青铜色，叶缘变黄绿色，主脉下陷，后期脉间失绿更严重，并向叶片中部扩展，随后叶片坏死。叶缘干枯，但主脉仍可保持一段时间的绿色。果顶变小呈青铜色，有时会出现"大肚瓜"。症状表现往往从植株基部向顶部发展，老叶受害最重。黄瓜正常叶片全钾含量 3%～5%，低于 2.0% 为缺钾。

（3）甜椒缺钾生长受到抑制，叶片出现红褐色小点，幼叶上的小点由叶尖开始扩展开来。成熟植株缺钾时，某些黄叶的叶缘形成小斑点，严重缺钾时，叶面几乎为红褐色小斑点所覆盖。甜椒正常叶片全钾含量 3%～6%，少于 2% 为缺钾。

2. 钾素缺乏调节措施　一旦发现缺钾马上叶面配施 0.3% 磷酸二氢钾，每周 1 次，连续 2～3 次。或冲施钾宝、硫酸钾复合肥补充钾素的不足。

(四) 钙素缺乏症及调节

1. 钙素缺乏的症状　蔬菜作物典型的缺钙症状是营养生长缓慢，根尖短粗，有黑斑。茎粗大，富含木质素。幼叶叶缘失绿，叶片卷曲，生长点死亡。但是老叶仍保持绿色，这与缺氮、缺磷和缺钾的症状正相反。

(1) 番茄缺钙时，植株极为衰弱并缺乏韧性，初期幼叶正面除叶缘为浅绿色外，其余部分均呈深绿色，叶背呈紫色。小叶细小，畸形并卷曲，后期叶尖和叶缘枯死，生长点死亡，靠近顶端部分的茎呈现坏死组织的斑点，老叶的小叶脉间失绿，并出现坏死斑，而且很快死亡。根较短，分枝多，部分幼根膨大，呈现深褐色。番茄缺钙损失最大的是果实缺钙，发生顶腐病或脐腐病，症状是果顶部即花冠脱落的部位变成油渍状，进一步发展成暗褐色并略凹陷的硬斑。往往比正常果早进入红熟期。番茄正常叶片全钙含量 2.0%～4.0%，少于 1.0% 为缺钙。

(2) 黄瓜缺钙时幼叶叶缘和脉间出现透明白色斑点，多数叶片脉间失绿，主脉尚可保持绿色，整个植株矮化，节间短，尤以顶端附近最明显。幼叶小，边缘缺刻深，叶片向上卷曲，后期这些叶片从边缘向内干枯，缺钙严重时生长点坏死，果实顶部腐烂，叶柄变脆，易脱落。缺钙黄瓜花败育，花比正常花小，果实也小，而且风味不良。最后植株从上部开始死亡，死亡组织灰褐色。黄瓜正常叶片全钙含量 2%～10%。

(3) 甜椒缺钙时，幼叶近尖端处先变黄，黄化由叶缘向叶肉扩展。甜椒正常叶片全钙含量 1.5%～3.5%，少于 1.0% 为缺钙。

2. 钙素缺乏调节措施　一旦发现缺钙马上叶面配施 0.2%～0.7% 氯化钙或与 50 毫升/升萘乙酸（NAA）配合施用，每周 1 次，连续 2～3 次。或在番茄 1～2 穗花开放前，喷施高效钙或冲施硝酸钙。此外，供水不足或不均也会引起钙缺乏症。

（五）硼素缺乏症及调节

1. 硼素缺乏的症状　各种蔬菜缺硼典型症状差异很大，但是共同症状为根系不发达，生长点死亡，花发育不全。

（1）黄瓜缺硼时叶片脆弱，老叶出现米色边缘，严重缺硼时生长点坏死，植株下部叶出现米色边缘，逐渐加宽并向整株发展，叶尖端最后变成褐色，向内和向下卷曲，下部生长点坏死后，黄瓜植株顶部却重新开始生长，但叶片有些变形，比较小，皱缩，果实发育中出现纵向木质化条纹。黄瓜正常叶片硼含量 30～80 微克/克，低于 20 微克/克为缺硼。

（2）番茄缺硼植株下部叶叶尖黄化，这是番茄缺硼的开始症状，在幼株和成株上均能发生症状。黄化由叶缘扩展至整个植株，叶片发脆，严重时叶脉形成紫褐色斑点，在透射光下，清晰可见，并在花萼近旁或果肩处出现木栓化。番茄正常叶片含硼 30～80 微克/克，少于 25 微克/克为缺硼。

（3）甜椒缺硼幼株新叶生长异常，成熟叶片的叶尖黄化，叶片易碎，主脉呈红褐色，在透射光下观察清晰可见。甜椒正常叶片含硼 30～90 微克/克，少于 20 微克/克为缺硼。

2. 硼素缺乏调节措施　一旦发现缺硼马上叶面配施 0.3％硼砂或硼酸水溶液补救，每周 1 次，连续 2～3 次。在碱性条件下硼呈不溶状态，很难被吸收。在多钾、多铵、干旱、低温条件下也会抑制根系对硼的吸收。

二、非缺素因素引起的生理性病害

（一）有害气体的危害

大多数是在晴天中午危害严重，且多数是急剧性的，并以代谢旺盛的功能叶、幼叶背面受害最重。一般是先出现水渍状小点，然后逐渐扩大连接成片，叶片失绿，最后枯死。

（二）高浓度的药害

用药后幼嫩叶片的边缘和叶尖出现白色或金黄色病变，严重时叶片枯萎死亡，但每片叶上的症状呈不均匀状分布。

（三）生长调节剂的危害

生长调节剂使用浓度过高引发危害，发生时间多在用药后，症状多数为接触药的器官或全株迅速衰老，除草剂的使用会造成全株性的危害，具体表现为上部小叶枯黄变形，植株下部叶片迅速衰老，功能叶快速减少，植株生长速度急剧衰弱。

（四）肥料的危害

由于肥料浓度过高或施用未腐熟的有机肥，表现为植株上部叶片的叶尖或叶缘部位失绿，但发生均匀，其中施用未腐熟有机肥的危害发生在植株生长的早期，而施肥浓度过高造成的危害在施肥后很快表现，表现为多种元素的综合缺乏症状。

（五）冷害和高温危害

冷害主要发生在寒冷季节，植株表现为叶片不平展，向上皱缩，叶小，地上部瘦小，长势弱，新根少，生长缓慢。高温危害一般表现为茎节细，叶薄，叶色变褐变黄，植株未老先衰，甚至出现日灼。

（六）旱害和涝害

旱害主要表现为节短，叶小，叶色深，中午出现萎蔫。涝害一般表现为根部腐烂，地上部生长不良，萎蔫，直至死亡。

三、蔬菜生理性病害的发生与防治

（一）番茄生理性病害

1. 番茄畸形果

（1）症状　果实表现奇形怪状，如尖顶形，腹部突出，似鹰嘴状，多棱形，果身变长，具几道棱沟；果顶凹陷，形似蟠桃果；增瘤形，在近脐部或近蒂部增长出显著的瘤状突起；半顶形，果实顶部一半膨大，另一半不膨大或膨大不够，形成半边果顶。

（2）发病原因　由于花器和果实不能正常充分发育所致。番茄花器和果实能否发育成正常果，主要取决于花芽分化的质量。一般在番茄育苗期，已基本完成了第一至第四花序的花芽分化。当育苗期花序分化花芽形成花序时，若遇低温，水分不足，氮肥过多，会致花芽过度分化，形成多心皮畸形花，果实则呈蟠桃形、尖顶形、瘤形、指形等畸形；若因低温或干旱持续时间长，昼温低，昼夜温差较大，氮肥供应不足，幼苗生育期处在抑制条件下，花器易木栓化，当此后转入适宜条件，先形成的木栓化组织不能适应内部新组织的迅速生长，则形成裂果、疤果、籽外露果等畸形果。

(3) 防治方法　培育适龄壮苗，充分创造番茄苗期生长发育的环境条件，育苗期避免偏施氮肥和极度干旱，合理使用植物生长调节剂。育苗期，若幼苗发现徒长，可喷洒 50％矮壮素水剂，每 15 千克水中加矮壮素 8～12 毫升，既可防止徒长，又可促使植株壮旺。

2. 番茄空洞果

(1) 症状　空洞果是指果皮与果肉胶状物之间具空洞的果实。常见有 3 种类型，一是胎座发育不良，果皮隔壁很薄看不见种子（果皮隔壁生长过快及心室少的品种，节位高的花序易见到）；二是果皮生长发育迅速，胎座发育跟不上而出现空洞果；三是心室数少，果皮隔壁生长过快的空洞果实，从外表看，果实不圆滑，有棱沟，空洞果的横断面大多呈多角形。

(2) 发病原因　一是生长期氮肥量过大，花期受精不良；二是植物生长调节剂使用浓度过大，果实膨大期温度过高或过低，肥水不足或光照不足；三是冬季低温季节浇水量过大，遇上灾害性天气根系受损；四是开花前两天，往花梗、花蕾、花萼上使用植物生长调节剂后，果实发育速度比正常授粉果实快，且促进加快成熟，但胎座发育不良，造成子房产生空洞。一般当养分吸收过量，特别是氮素吸收过多，而又遇低温（低于 5℃）时空洞果比例大。晴天后，植株萎蔫，水分供应不足等，都可造成空洞果的发生。

(3) 防治方法　生长期合理使用氮肥，同时增施磷、钾肥；花期人工辅助授粉，使用植物生长调节剂时，采取正确使用方法和浓度，一般用 15～20 毫克/千克防落素喷花；果实膨大时，加强肥水管理，并增加光照时间；冬季低温季节浇水量不可过大，浇水应在晴天上午进行。

3. 番茄脐腐病

(1) 症状　又称蒂腐病，属生理性病害，初在幼果脐部出现水渍状斑，后逐渐扩大，至果实顶部凹陷、变褐，严重时扩展到小半个果实；后期遇湿度大，出现黑色霉状物，病果提早变红，且多发生在1～2穗果上，同一花序上的果实几乎同时发病。

(2) 发病原因　一是生育期间水分供应不均或不稳定，尤其干旱时，水分供应失常，番茄叶片蒸腾消耗所需的大量水分与果实进行争夺或被叶片夺走，特别当果实内、果脐部的水分被叶片夺走时，由于果实突然大量失水，导致其生长发育受阻，形成脐腐；二是供应氮肥过多，营养生长过旺导致吸收钙受阻，果实不能及时得到钙的补充而发生脐腐病；三是土壤（基质）盐分过多，根际温度较低，土壤过于黏重或土层浅薄，都易引发脐腐病。

(3) 防治方法　一是培育适龄壮苗，促进根系发育，增强吸收功能；二是调节好土壤水分，避免忽干忽湿。地膜覆盖可保持土壤水分相对稳定，能减少土壤中钙质养分淋失；适量及时灌水，尤其结果期更应注意水分均衡供应，灌水应在9：00～12：00进行；三是采用配方施肥技术，根外追施钙肥，番茄着果一月内是吸收钙的关键时期，可喷洒1%过磷酸钙，或0.5%氯化钙加5毫克/千克萘乙酸，0.1%硝酸钙及爱多收6 000倍液，从初花期开始隔15天1次，连续喷洒2次；第一穗果坐果时或定植后15天施用0.2%脐腐灵1号或脐腐宁1小袋，对水60千克喷洒植株，或用高效钙喷洒植株，隔10～15天喷1次，共喷3～4次。

4. 番茄裂果和日灼

(1) 症状　裂果主要有3种，放射状裂果以果蒂为中心，向果肩部延伸，呈放射状深裂，始于果实绿熟期，果蒂附近产生细微的条纹开裂，转色前2～3天裂痕明显；环状裂果，以果蒂为圆心，呈环状浅裂，多在果实成熟前出现；条纹裂果，在顶花痕部，呈不规则条状开裂，多发生在果实绿熟期。

番茄部分果实，尤其是果实的果肩部易发生日灼。果实呈有光泽似透明革质状，后变白色或黄褐色斑块，有的出现皱纹，干缩变硬后凹陷，果肉变成褐色块状，当日灼部位受病菌侵染或寄生时，长出黑霉或腐烂，叶上发生日灼，初失绿，后变白，最后变黄枯死或叶缘枯焦，但只是日灼部位死亡，整叶并不全枯，一般不脱落。

（2）发病原因　在果实发育后期或转色期遇高温、干旱等情况，果皮的生长与果肉组织的膨大速度不同步时，膨压增大，则出现裂果，特别是大水导致根系生理机能障碍及硼的吸收运转受到阻碍，都会产生裂果。至于日灼多因果实膨大期天气干旱、作物缺水，处在发育前期或转色期以前的果实受强烈日光照射，致果皮温度上升很快，蒸发消耗水分增多，果实向阳面温度过高水分供应不及时而灼伤。

（3）防治方法　一是选择抗裂果、抗日灼的品种，如朝研299、欧帝、粉冠108、浙粉202等；二是温室内阳光过强，采用遮阳网覆盖，降低棚温；三是及时灌水，强光下棚内气温及番茄体温急剧升高，蒸发量大，要及时灌水降低植株体温，避免发生日灼；四是控制好水分均衡供应，尤其结果期不可过干过湿；五是增施有机肥，提高保水力；六是及时适度整枝打杈，既保证植株叶片繁茂，又使行间、株间透光通风良好，以叶片为果实遮阴，防止阳光直射果实；七是喷洒喷施宝，每 667 米² 用 0.5 毫升，对水 90 千克，15～20 天喷 1 次；或用 85％比久可溶性水剂 2 000～3 000 倍液、0.1％氯化钙溶液、0.1％硫酸铜溶液、0.1％硫酸锌溶液、27％高脂膜乳剂 100 倍液以提高抗热性，增强抗裂和耐日灼能力。

5. 番茄网纹果

（1）症状　果实接近着色期，可看到网状的维管束。

（2）发病原因　在早春到初夏时期，尤其在多肥条件下，地温较高，而且水分多，肥料易于分解吸收，植株对养分吸收急剧增加，果实迅速膨大，易形成这种果实。

（3）防治方法　应注意基肥的施用，尤其是氮肥不可使用过多，保护地应加强通风换气，防止气温上升过高。

6. 番茄筋腐果

（1）症状　主要有白筋腐病和黑筋腐病两种，果实内形成黑色块状物，不能食用。

（2）发病原因　白筋腐病主要是幼果期（果径约 2 厘米）感染花叶病毒所致。黑筋腐病则为亚硝酸盐中毒和缺钾而引起。栽培上氮肥施用过量和光照不足时易发生该病。

（3）防治方法　应提高保护地的光照度，注意通风换气，防止过量施用肥料，并应提高地温。

7. 番茄酸浆果和豆粒果

（1）症状　果实坐住后僵杇不长，形似豆粒。

（2）发病原因　开花时由于温度不适宜，光照不良，本来要落的花由于生长素处理勉强坐果，养分供应不够以至形成豆粒果。生长素处理浓度过大或重复处理也能形成酸浆果。

（3）防治方法　冬季勤洗棚膜，增加光照度，注意平衡施肥。根据气温高低调节植物生长调节剂的浓度，一般用 30 毫克/千克防落素喷花效果较好。

8. 番茄高温障害

（1）症状　叶片受害，初叶片褪色或叶缘呈漂白状，后变黄色，轻的仅叶缘呈烧伤状，重的波及半叶或整个叶片，终致永久萎蔫或干枯。

（2）发病原因　花芽分化时遇高温持续时间长，则表现为花小，发育不良或产生花粉粒不孕，花粉管不伸长，不受精致落花或影响果实正常色素的形成及坐果。当白天温度高于 30℃或在 40℃高温持续 4 小时，夜间高于 20℃，就会引起茎叶损伤及果实异常。

（3）防治方法　通风，降低叶面温度；遮光，喷水降温，施用农家宝或抗逆增产剂，或在棚膜外层甩稀泥浆遮光降温。

9. 番茄低温障害

（1）症状　幼苗遇低温，子叶上举，叶背向上反卷，叶缘受冻部位逐渐枯死或个别叶片萎蔫干枯。低温持续时间长，叶片暗绿无光，顶芽生长点受冻，根系生长受阻，形成畸形花，造成低温落花或畸形果，果实不易着色、成熟或着色浅影响品质，严重的茎叶干枯而死。有的遇低温受寒害后，幼嫩叶片发生缺绿现象甚至白化或叶片由绿变为紫红。

（2）发病原因　番茄气温低于 13℃不能正常坐果，夜温低于 15℃造成落花落果，气温低于 10℃易发生冷害，长时间低于 6℃，植株将死亡，番茄果实如遇−1℃低温会发生冻害。

（3）防治方法　育苗期进行低温炼苗；选择晴天定植，以利根系恢复生长；增加覆盖物，提高温室内温度，必要时临时加温；傍晚喷洒碧护 20 000 倍液或 27‰高脂膜乳剂 100 倍液或使用抗寒剂 1 号，每 667 米² 用量 200 毫升。

10. 番茄落花落果

（1）症状　在早春或高温季节栽培番茄，落花落果发生普遍而严重，有时第一穗花果可能全部脱落，第二穗花果大部分脱落，甚至有的植株第一穗和第二穗花果都落光。

（2）发病原因　是由于在花柄或果柄中形成离层而造成的。一是番茄在花芽分化过程中，由于遗传的原因或受不良环境条件的影响，细胞分裂不正常，花器发育不良，出现诸如花柱短小，花柱扭曲，无柱头，子房畸形和胚珠退化等花器生理缺陷，致花器不能正常授粉或受精。二是外界环境条件不良，如早春温度偏低，尤其花期夜温低于 15℃，花粉管不伸长或伸长缓慢，难以正常授粉而落花；早春温度偏高，如白天温度高于 34℃，夜间高于 20℃，或白天 40℃高温持续达 4 小时，则花柱伸长明显高于花药筒，致子房萎缩或雌雄蕊正常生理状况受到干扰，授粉不正常而落花；光照不足，光合作用减弱，使雌蕊萎缩或花粉生活力降低造成落花；肥水管理不当，偏施氮肥，水分供应充足，植株徒长，营养生长过旺，花器不发达，生活力低，造成落花和幼果脱落或花粉遇干旱缺水或供肥不足，激素分泌减少，易形成离层而落花落果。

（3）防治方法　一是加强栽培管理，培育适龄壮苗。育苗期昼温 25℃，夜温 15℃，防止徒长或僵苗，采用穴盘无土育苗。二是配方施肥，防止偏施氮肥，施用双效微肥或促丰宝或微生物有机肥，小水勤浇，避免大水漫灌或积水，保证水、气、肥、温的协调。三是早春开花期气温低，用生长素喷花或涂抹以代替植物受精时需要的天然激素，刺激果实发育，防止落花落果。

11. 番茄生理性卷叶病

(1) 症状 番茄采收前或采收期，第一果枝叶片稍卷，或全株叶片呈筒状、变脆，致果实直接暴露于阳光下，影响果实膨大。

(2) 发病原因 主要与土壤、灌溉及管理有关。一是摘心和整枝过早，摘心过早容易使腋芽滋生，叶片中的磷酸无处输送，导致叶片老化，发生大量卷缩，侧枝一般长至 7 厘米以上时进行；打杈过早，叶片同化面积减少，植株地上部生长不良，同时影响根系发育，吸水、吸肥能力减弱，诱发卷叶。二是高温干旱，结果盛期，遇高温、干旱天气而不能及时补水，此时叶片面积大，高温和强光使叶片蒸腾作用加强，植株下部叶易卷缩。三是施肥不当，氮肥施用过多，会引起小叶的翻转、卷曲，严重缺磷、缺钾及缺钙、硼等元素，都会引起叶片僵硬，叶缘卷曲或叶片细小、畸形。四是病毒病，主要发生在上部心叶，在高温强光条件下易发生卷叶。五是 2,4 -滴药害，蘸花时，将药剂滴到叶片或生长点上导致卷叶。

(3) 防治方法 采用配方施肥法做到供肥适时、适量，确保水分充足，避免过度干旱，不浇大水，避免中午浇水（中午浇水根系不适应，容易发病）；及时做好整枝打杈减少养分无效消耗；正确使用植物生长调节剂，一般用 30 毫克/千克防落素喷花比较安全；及时防治蚜虫，防止病毒病的传播。

12. 番茄主茎异常

(1) 症状 茎的生长点停止生长，茎部发生空洞，或在生长期中，产生生长点肥大带花等现象。

(2) 发病原因 高温干燥，灌水过多，生育旺盛时易于出现。或茎部钙素缺乏，氮素施用过多。

(3) 防治方法 浇水不可过多，采取地膜覆盖保湿，发生时叶面喷施雷力液钙或钙精、高效钙等含钙量高的肥料。

13. 2,4-滴药害

（1）症状　受害番茄叶片或生长点向下弯曲，新生叶不能正常展开，多数变得细长，且叶缘扭曲畸形，茎蔓突起，颜色变浅，果实畸形。

（2）发病原因　施用2,4-滴过量，或施用含有2,4-滴的农药化肥等。

（3）防治方法　严格掌握2,4-滴的合理使用浓度和方法。一是蘸花要适时，当天蘸的花蘸早了易形成僵果，晚了易裂果，前期气温低，花数少，每隔2～3天蘸1次，盛花期最好每天或隔天蘸。二是防止重复蘸花，以免造成浓度过高出现裂果或畸形果。三是蘸花浓度要合适，定植后气温15～20℃，2,4-滴的浓度以10～15毫克/千克为宜，即取1毫升1.5% 2,4-滴，加1升水即配成15毫克/千克，加1.5升水，则成10毫克/千克，气温升高后，浓度可降为6～8毫克/千克。四是使用2,4-滴时，要防止直接蘸到嫩叶或嫩枝上，严禁喷洒。如果花数量大，可改用防落素25～40毫克/千克喷花，喷洒迦姆丰收或农家宝。

（二）茄子生理性病害

1. 茄子落花、落果、落叶

（1）症状　低温期下部叶黄化自落，高温期幼茄软化自落，并造成大量落花。

（2）发病原因　温度过低，氮、磷施入过量，土壤盐分浓度过大，植株会因长期营养不平衡而老化，均系缺锌引起的植株赤霉素合成量降低后遗症；叶柄与茎秆、果柄与果实连接处，因缺乏生长素，形成离层后脱落；花芽分化期，肥料不足，夜温高，昼夜温差小，干旱或水分过大，光照不足，造成花的质量差，短柱花多而落花；开花期，光照不足，夜温高，温度调控大起大落，肥水不足或大水大肥造成花大量脱落。

（3）防治方法　老化秧叶面喷施1%硫酸锌水溶液或每667米^{2}施硫酸锌1千克，还可喷绿丰宝等含锌营养素防落促生长。在茄子现蕾期每667米^{2}喷施1%硫酸锌溶液50千克，可促进开花结果，减少落花、落果。在茄子结果期，用 0.5%磷酸二氢钾溶液加入 0.3%过磷酸钙浸出液喷施，可增强植株光合作用强度，促花多，果实大。

2. 茄子低温冷害

(1) 症状 苗期受害，叶缘干枯，严重时植株枯死；成株受害，叶片边缘或两叶脉果肉、心室与皮层分离，严重时维管束呈褐色、味苦；根毛变褐，无新根，无新花蕾，生长缓慢或停止生长。

(2) 发病原因 开花期遇低温（白天 18～20℃，夜间 8～10℃）或遇长期阴天，短时夜温低于 10℃，叶片、生长点及根部均受到冷害。

(3) 防治方法 晴天定植，防寒保温。极端寒冷天气在草帘上加盖旧棚膜可保证室内温度提高 1～2℃。冬天要经常清洁棚膜。

3. 僵茄

(1) 症状 果实细小，颜色淡，僵硬，不膨大，海绵组织紧密，皮色无光泽，有花白条纹，有的表面隆起，适口性差。

(2) 发病原因 开花后不能正常受精，由单性结实而发育成僵果；生产初期，由于温度低于 17℃，花粉生长不良，不能完全受精；后期温室放风不及时或放风量不够，室内温度长期超过 35℃时短花柱增多，形成僵果；空气干燥，水分不足，植株同化作用降低，营养缺乏，形成僵果；低温弱光或高温强光期正值果实膨大时，氮、钾的吸收量增多，磷相对需要量较少，如磷素投入量过大，必然影响钾、硼的吸收，使果实僵化。

(3) 防治方法 白天温度 25～30℃，夜间 15℃，短期适量灌水，氮、磷、钾肥配合施用，磷肥主要是定植时施在苗根下，后期每次施入纯磷 3 千克，忌过多，结果期注重施用钾肥，发现僵果，叶面喷施 0.5%磷酸二氢钾＋1%尿素＋0.1%膨果素，促植株生长。人工授粉时用 10～15 毫克/升番茄灵溶液涂抹花柄或用 30～50 毫克/升防落素喷花。经常清洗棚膜，增加光照，提高地温。及时摘除僵老果。

4. 茄子裂果

（1）发病原因　温度低或氮肥施用过量，浇水过多，导致生长点营养过剩，造成花芽分化和发育不充分而形成多心皮的果实，或由雄蕊基部开裂而发育成裂果；栽培后期，白天温度高，空气干燥，而傍晚浇水较多或果实生长过程中，过于干旱而突然浇水，造成果皮生长速度不及果肉快而造成裂果。果与枝叶摩擦，果面受伤而造成裂果。

（2）防治方法　防止过量施用氮肥；合理浇水，果实膨大期不要过量浇水；避免用蘸花液重复处理；保持适宜的田间湿度，避免过于干旱后大量浇水而造成水分剧烈变化，防止产生畸形花。

5. 畸形花

（1）发病原因　一是植株生长不良，或生长过旺以致徒长，或花芽营养供应不足而发育不良；二是花芽分化期间的温度过高，尤其在夜温过高且干旱的情况下，易形成短柱花；三是幼苗期光照弱，幼苗徒长，使花芽分化和开花期延迟，增加了畸形花；四是缺氮延迟花芽分化，减少开花数量，尤其在开花盛期，氮、磷不足形成畸形花；五是受病虫危害。

（2）防治方法　一是保证充足光照；二是保持适宜的温度，育苗时白天温度控制在 20～30℃，夜间 20℃ 以上，地温不低于20℃。冬季育苗用电热温床，早春防止低温，后期防止高温多湿；三是培育壮苗，要求叶大而厚，叶色深绿，须根多；四是尽早移栽定植，使其在花芽分化前缓苗；五是及时防治病虫害。

6. 茄子乌皮果

（1）症状　又称素皮茄子。乌皮果果实颜色不鲜明，无光泽，呈木炭状。一般从果实顶端开始发乌，严重时整个果面失去光泽。

（2）发病原因　主要由于水分不足而发生乌皮果。叶片大，生长发育旺盛的植株在高温干燥时也会增加乌皮果发生率。中午高温时大量通风，也会形成乌皮果。

（3）防治方法　合理灌溉，缓苗至采收初期应适当控水，防止徒长；增施有机肥，以促进根系生长；采用嫁接育苗技术。

7. 弯茄

（1）发病原因　结果期温度偏低，果实生长不平衡；虫害或病害使果实的一侧受害，或幼果的表面受到机械损伤，导致果实的两侧伸长快慢不一致，发生弯曲；光照不足，植株过密；植株生长不良，果实营养供应不足；植株坐果过多，结果晚的果实营养不足，容易发生弯曲；缺水干旱，水分供应不足。

（2）防治方法　合理密植，及时整枝打杈，保持良好的光照条件；结果期间保证肥水供应充足，防止干旱。

8. 茄子卷叶

（1）发病原因　缺水，栽培基质干旱时容易引发卷叶；高温强光照，高温下植株的失水加快，容易发生卷叶；温室内温度高时通风操作不合理，大起大落，导致卷叶；叶面肥害、药害；果叶比例失调，植株留果过多，叶面积不足时容易发生，摘心过早或留叶不足的情况下，易发生；肥水供应不足，由于使用坐果激素后，果实生长势增强，从叶片争夺的养分增多，使叶片过早衰老；病虫危害，如朱砂叶螨、蚜虫等发生严重时，易引起叶片卷曲。

（2）防治方法　加强温度管理，防止温度过高；叶面追肥、喷药的浓度和时机要适宜；加强肥水管理，防止脱肥和脱水。

9. 茄子枯叶病

（1）症状　1～2月易发生，中下部叶片干枯，心叶无光泽，黑厚，叶片尖端至叶脉间黄化，并逐渐扩大至整叶。

（2）发病原因　主要是冬季缺水造成根系冻害，施肥过多，基质溶液浓度过大，使植株生理性缺水后引起的缺镁症。

（3）防治方法　冬季浇水保持均匀，避免缺水，浇水时随水每667米^{2}冲施硫酸镁30千克或叶面喷施硼镁锌肥料。

10. 茄子顶芽弯曲

（1）症状　茄子秧顶端茎芽发生弯曲，秆变细，是正常茎的1/5～1/3，植株高度暂时停止生长或缓慢生长，继而侧枝增多、增粗。

（2）发病原因　是低温、多氮引起的钾、硼素障碍。

（3）防治方法 定植时注重增施有机肥，低温弱光期每 667 米² 追施硫酸钾 15 千克和硼砂 1 千克，或叶面上喷高钾营养液。

11. 嫩叶黄化

（1）症状 幼叶呈鲜黄白色，叶尖残留绿色，中下部叶片上出现铁锈色条斑，嫩叶黄化。

（2）发病原因 多肥，高湿，栽培基质偏酸，锰素过剩，抑制铁素的吸收，导致新叶黄化。

（3）防治方法 发病后，叶面上喷硫酸亚铁 500 倍液或施入石灰和氢氧化镁，调整酸碱度，补充钾素平衡营养。

（三）黄瓜生理性病害

1. 黄瓜高温障害

（1）症状 棚室保护地黄瓜，进入 4 月以后，随着气温逐渐升高，在放风不及时或通风不畅的情况下，棚内温度有时可高达 40～50℃，对黄瓜生长发育能造成危害，即所谓高温障害或大棚热害。育苗时遇棚温高，幼苗出现徒长现象，子叶小，下垂，有时出现花打顶；成苗遇高温，叶色浅，叶片大且薄，不舒展，节间伸长或徒长；成株期受害叶片上先出现 1～2 毫米近圆形至椭圆形褪绿斑点，后逐渐扩大，3～4 天后整株叶片的叶肉和叶脉自上而下均变为黄绿色，尤其是植株上部严重，严重时植株停止生长。

（2）防治方法 一是选用耐热品种。二是加强通风换气，使棚温保持在 30℃ 以下，夜间控制在 18℃ 左右，相对湿度低于 85％。生产上有时即使把棚室的门窗全部打开，温度仍居高不下，这时要把南侧的底边揭开，使棚温降下来，同时要注意浇水，最好在 8:00～10:00 进行，晚上或阴天不要浇水，同时注意水温与地温差应在 5℃ 以内。三是黄瓜生育适宜相对湿度为 85％ 左右。棚室相对湿度高于 85％ 时应通风降湿；傍晚气温 10～15℃，通风 1～2 小时，降低夜间湿度，防止徒长，避免高温障害。四是生产上第一批坐瓜少的易引起徒长，形成生长发育过旺局面。为此，可用保果灵激素 100 倍液喷花或点花，既可促进早熟增产又可防止徒长。五是采用配方施肥技术，适当增施磷、钾肥。也可喷施惠满丰多元复合有机活性液肥，每 667 米² 320 毫升，稀释 500 倍，喷叶 3 次。六是遇有持续高温天气或大气干旱，棚室黄瓜蒸发量大，呼吸作用旺盛，消耗水分很多，持续时间长就会发生萎蔫等情况，这时要适当增加浇水次数。

2. 黄瓜低温生理病

（1）症状　黄瓜在早春或秋冬栽培过程中，常遇到低温影响，长期处于低温下虽可提高耐低温能力，但其对低温忍耐力有限，生产上遇到过低或长期的连续低温而引发多种症状。

一是播种后遇到气温、地温过低，发芽和出苗延迟，致使苗黄、苗弱、沤籽或发生猝倒病、根腐病等。幼苗子叶边缘出现白边，叶片变黄，根系不烂也不长；地温若长期低于 12℃，根尖变黄或出现沤根、烂根现象，地上部开始变黄。二是白天气温处在 20～25℃，持续 6.5 小时以上，夜间地温降到 12℃ 左右时，出现幼苗生长缓慢、叶色浅、叶缘枯黄的现象；当夜温低于 5℃ 时，生长出现停滞，致使幼苗萎蔫，叶缘枯黄，结瓜少且小。当 0～5℃ 低温持续时间较长时，就会发展到伤害，有的不表现局部症状；有的不发根或花芽分化受到影响或不分化，叶片组织尚未坏死，但呈黄白色，抵抗力减弱，导致弱寄生物侵染；有的呈水渍状，致叶片枯死或干枯；有的还可诱发菌核病、灰霉病等低温病害。

（2）发病原因　一是低温造成植株光合作用减弱；二是低温使呼吸强度下降；三是低温影响黄瓜对矿物质营养的吸收和利用；四是低温影响养分运转，妨碍光合产物和营养元素向生长器官运输，且运转速度下降；五是低温引起黄瓜生理失调；六是黄瓜生殖生长受到抑制或出现异常，影响到生长速度和结瓜率；七是低温直接作用在生物膜上，使生物膜发生物相变化；八是黄瓜根毛原生质 10～12℃ 开始停止流动，低温时根细胞原生质流动缓慢，细胞渗透压下降，造成水分供应失衡。

（3）防治方法　一是选用耐低温品种。二是施用充分腐熟的有机肥。三是黄瓜播种后，棚温应保持 25～30℃。四是科学安排播种期和定植期。五是采取有效的保温防冻措施。发生寒流侵袭时，应马上采用加温防冻措施。在寒流侵袭之前喷植物抗寒剂，每 667 米² 100～200 毫升，或农用链霉素可溶性粉剂 4 000 倍液，可使冰核细菌数量减少；另外，喷洒高脂膜乳剂 80～100 倍液或碧护 20 000倍液有一定预防作用。六是补施二氧化碳（CO_2）以促进黄瓜光合作用。

3. 黄瓜叶烧病

（1）症状　发病初期病部的叶绿素明显减少，在叶面上出现小的白色斑块，形状不规则或呈多角形，扩大后呈白色至黄白色斑块，轻的仅叶缘烧焦，重的致半叶以上乃至全叶烧伤。病部正常情况下没有病症，后期可能有交链孢菌等腐生菌腐生。易与黄瓜黑斑病混淆。

（2）发病原因　是由高温诱发的生理病害。黄瓜起源于印度，是喜温蔬菜，对高温忍耐力较强，一般气温高达 32～35℃仍安然无恙。经测定，在土壤水分充足，相对湿度高于 85％，遇有 40℃左右的高温，就会产生高温伤害，尤其是在强光照条件下更易造成高温伤害。生产上，中午不放风或放风量不够或高温闷棚时间过长均易产生叶烧病。

（3）防治方法　一是选用耐热品种；二是加强棚室管理；三是采用高温闷棚法防治霜霉病时，要根据栽培品种耐温性能，严格掌握闷棚温度和时间，必要时应在闷棚前 1 天晚上浇水，以增加黄瓜抗热能力。

4. 黄瓜生理性萎蔫

（1）症状　黄瓜生理性萎蔫是指全株萎蔫。采瓜初期至盛期，植株生长发育一直正常，有时在晴天中午，突然出现急性萎蔫枯萎症状，到晚上又逐渐恢复，这样反复数日后，植株不能再复原而枯死。从外观上看不出异常，切开病茎，导管也无病变。

（2）发病原因　黄瓜生理性萎蔫病主要是基质含水量过高，造成根部窒息或处在嫌气条件下，基质中产生有毒物质，使根中毒。此外，嫁接黄瓜嫁接质量差或砧木与接穗的亲和性不高或不亲和均可发生此病。

（3）防治方法　一是选用耐热品种；二是采取对症的农业措施。

5. 黄瓜花打顶和化瓜

（1）发病原因　多发生在结果初期，棚内高温干旱，尤其是基质干旱时，由于肥料过多及水分不足而伤根；或基质潮湿，但地温和气温偏低而发生沤根；或根吸收能力减弱等都会出现花打顶或化瓜。

（2）防治方法　一是喷洒喷施宝 1 毫升加水 12 升；二是为防止化瓜在黄瓜雌花开花后，分别喷赤霉素、吲哚乙酸、腺嘌呤、快生等；三是喷洒稀土元素对减少化瓜促进果实生长具明显作用。

6. 黄瓜畸形瓜和苦味瓜

（1）症状　黄瓜常出现曲形瓜、尖嘴瓜、细腰瓜、大肚瓜、苦味瓜。

（2）发病原因　曲形瓜多因营养不良，植株瘦弱造成；有的花期子房就表现弯曲状态。此外，雌花或幼果被架材及茎蔓等限制生长空间也可造成弯曲。尖嘴瓜和大肚瓜则是因棚室黄瓜传粉昆虫少，不经授粉结实，如营养条件不良即形成尖嘴瓜；当雌花授粉不充分，授粉的先端先膨大，营养不足，或水分不均，就会形成大肚瓜。细腰瓜是因营养和水分供应不正常，同化物质积累不均匀造成的。苦味瓜是因生产中氮肥施用过量，或磷、钾肥不足，特别是氮肥突然过量施用而造成的。

（3）防治方法　一是发现畸形瓜及时摘除。二是做好温度、湿度、光照及水分管理。三是采用配方施肥技术，或喷洒喷施宝、磷酸二氢钾，或氮、磷、钾按 5：2：6 比例施用，喷洒喷施宝每毫升加水 11～12 升。四是注意温度管理，避免温度低于 13℃，或长期高于 30℃，温度尽量稳定，避免生理干旱现象发生。五是提倡施用农家宝、迦姆丰收植物增产调节剂等。

7. 黄瓜泡泡病

（1）症状　主要发生在塑料棚或温室，初在叶片上产生鼓泡，大小 5 毫米左右，多在叶片正面，少数在叶片背面，致叶片凹凸不平，凹陷处成白毯状，但未见附生物，叶片正面产生的泡顶部位，初呈褪绿色，后变黄至灰黄色。

（2）发病原因　生产上时有发生，该病的发生与气温低、日照少及品种有关，因此认为是生理病变。

（3）防治方法　一是选用抗低温，耐寡日照、弱光的早熟品种；二是早春要注意提高棚室的气温和地温；三是早春浇水宜少，严禁大水漫灌致地温降低，尤其要保持地温均衡；四是选用无滴膜，棚室要注意清除灰尘，增加透光性能，必要时可人工补光和施用二氧化碳（CO_2）；五是喷施惠满丰多元复合液体活性肥料。

8. 黄瓜焦边叶

（1）症状　黄瓜焦边叶主要出现在叶片上，尤以中部叶片居多。发病叶片初在一部分或大部分叶缘及整个叶缘发生干边，干边深达叶内 2～4 毫米，严重时引起叶缘干枯或卷曲。

（2）发病原因　一是棚室处在高温高湿条件下突然放风，致叶片失水过急过多；二是喷洒杀虫或杀菌剂时，浓度过量或药液过多，聚集在叶缘造成化学伤害。

（3）防治方法　一是放风要适时适量；二是要采用配方施肥技术；三是使用杀虫、杀菌剂时要做到科学合理用药。

9. 黄瓜卷须异常　黄瓜卷缩呈弧形下垂表示缺水；卷须细而短，先端卷曲呈钩状或圆圈形，表示植株营养不良或植株开始老化，一个节上有多个卷须，或只有卷须而无叶片，可能是由于室温过低引起的；卷须先端变黄，表示植株营养不良，为易发病或发病的先兆；卷须前端色深，但整个卷须看起来色淡变黄，表示全株衰弱，预示着霜霉病将要发生。

10. 空心黄瓜　坐瓜部位太低，当遇到低温、缺水干旱以后又遇到高温光合产物输送不均衡，便产生空心黄瓜。

11. 肥害　上部叶缘呈整齐的镶金边状，组织一般不坏死，上部叶骤然变小，且部分叶呈降落伞状，生长点紧缩，多是由于化肥施入过多，浇水又不足造成，剥根可见根变锈色，根尖齐钝。

（1）氮肥偏多　从地上部看表现为缺钙症状，即叶缘镶金边，褪绿呈黄色，但多不腐烂，叶从底部开始迅速黄化，大量发生细腰瓜。

（2）磷肥偏多　多在结瓜前，突然间新生叶尖端呈黄化状，但无腐烂干枯状。

（3）氨气危害　叶片边缘或叶脉间发生黄化，叶脉仍绿，进而干枯，病部与健部界线清楚。

12. 黄瓜药害

（1）症状　杀菌剂或叶面肥使用过量，或在喷雾开始或最后药液浓度高时均可引起药害，明显的药害症状是叶片上出现斑点或坏死白斑，有时叶边缘发黄或坏死，均发生在同一叶位。有些叶面肥中可能含有激素药物，使用后叶片和生长点向一侧扭曲、变形或发生茎节不长等。

（2）预防办法　一是要严格按说明使用；二是对成分不明的药剂尽量不要使用；三是避免高温用药；四是不要胡乱混配农药；五是药剂对水时先往桶中放一半水，再加入药剂混匀后将桶加满。

（四）西瓜生理性病害

在西瓜生长过程中，环境条件不适或栽培措施不当，常会引起西瓜的生理失调而导致生理病害，使西瓜正常生长受到影响，从而使西瓜的品质和产量降低。因此，有必要了解西瓜生理病害的症状及病因，并掌握其防治措施。

1. 西瓜僵苗

（1）症状　植株生长处于停滞状态，生长量小，展叶慢，子叶、真叶变黄，根变褐，新生根少。这是西瓜苗期和定植前期的主要生理病害。

（2）发病原因　一是土壤温度偏低，不能满足根系生长的温度要求。二是土壤含水量高、湿度大、通气差，发根困难。三是定植时苗龄过大，损伤根系较多，或整地、定植时操作粗放，根部架空，影响发根。四是施用未充分腐熟的农家肥，造成发热烧根，或施用化肥较多，土壤中的化肥溶液浓度过高而伤根。五是地下害虫危害根部。

(3) 防治方法　一是改善育苗环境，保证育苗温度，可采用地膜覆盖增温、保湿、防雨，改善根系生长条件。二是加强中耕松土，定植时高畦深沟，加强排水，改善根系的呼吸环境。三是适时定植，尽量避免对根系造成伤害。四是适当增施腐熟农家肥，施用化肥时应勤施薄施。五是及时防治蚂蚁等害虫的危害。

2. 西瓜疯秧

(1) 症状　植株生长过于旺盛，出现徒长，表现为节间伸长，叶柄和叶身变长，叶色淡绿，叶质较薄，不易坐果。

(2) 发病原因　一是氮素营养过高，促进了茎叶的过快生长，造成坐果困难，空棵率增加，即使坐果，也常是果型小、产量低、成熟迟。二是苗床或大棚的温度过高，光照不足，土壤和空气湿度过大。

(3) 防治方法　一是控制基肥的施用量，前期少施氮肥，注意磷、钾肥的配合，这是防治疯秧的最根本措施。二是苗床或大棚要适时通风，增加光照，避免温度过高、湿度过大。三是对于疯长植株，可采取整枝、打顶、人工辅助授粉促进坐果等措施抑制营养生长，促进生殖生长。

3. 西瓜急性凋萎

(1) 症状　初期中午地上部萎蔫，傍晚时尚能恢复，经 3~4 天反复以后枯死，根颈部略膨大。与枯萎病的区别在于根颈维管束不发生褐变。这是西瓜嫁接栽培中经常发生的一种生理性凋萎，发生时期大多在坐果前后。

(2) 发病原因　直接原因尚不清楚，可能的原因有以下几方面：一是与砧木种类有关，葫芦砧木发生较多，南瓜砧木很少发生；二是砧木根系吸收的水分不能及时补充叶面的蒸腾失水；三是整枝过度，抑制了根系的生长，加剧了吸水与蒸腾的矛盾，导致凋萎；四是光照弱加剧了急性凋萎病的发生。

(3) 防治方法　目前主要是选择适宜的砧木，加强栽培管理，增强根系的吸收能力。

4. 西瓜叶片白枯

（1）症状　基部叶片、叶柄的表面硬化，叶片易折断，茸毛变白、硬化、易断，叶片黄化为网纹状，叶肉黄化褐变，呈不规则、表面凹凸不平的白色斑，白化叶仅留绿色的叶脉和叶柄。西瓜开花前后开始发生，果实膨大期加剧。

（2）发病原因　植株体内细胞分裂素类的物质活性降低；过度摘除侧枝，降低了根系的功能，也易发生叶片白枯现象。

（3）防治方法　适当整枝，整枝应控制在第10节以下。从始花期起每周喷1次50%甲基托布津可湿性粉剂1 500倍液，也可抑制该病的发展。

5. 西瓜叶片白化

（1）症状　子叶、真叶的边缘失绿，幼苗停止生长，严重时子叶、真叶、生长点全部受冻致死。

（2）发病原因　西瓜苗期通风不当，急剧降温所致。

（3）防治方法　适时播种；改进苗床的保温措施，白天温度为20℃，夜间不低于15℃；早晨通风不宜过早，通风量应逐步增加，避免苗床温度急剧降低。

6. 西瓜畸形果

（1）症状　主要有扁形果、尖嘴果、葫芦形果、偏头畸形果等。扁形果是果实扁圆，果皮增厚，一般圆形品种发生较多。尖嘴果多发生在长果形的品种上，果实尖端渐尖。葫芦形果表现为先端较大，而果柄部位较小。偏头畸形果表现为果实发育不平衡，一侧生长正常，而另一侧生长停顿。

（2）发病原因　扁形果是低节位雌花所结的果，果实膨大期气温较低。尖嘴果是由于果实发育期的营养和水分供应不足、坐果节位较远时发生。偏头畸形果是由于授粉不均匀所致。受低温影响形成的畸形花所结的果实，也会形成畸形。

（3）防治方法　加强肥水管理，控制坐果部位，选留子房端正的幼果，摘除畸形幼果。

7. 西瓜裂果

(1) 症状　果皮爆裂，分为田间裂果和采收裂果。田间裂果是在静态下果皮爆裂，采收裂果是在采收、运输的过程中果皮爆裂。

(2) 发病原因　田间裂果是由于土壤水分骤变引起的。在果实发育中突然遇雨或大量浇水，土壤水分急增，果实迅速膨大造成裂果，一般在花痕部位首先开裂。果实发育初期温度低发育缓慢，以后迅速膨大也易引起裂果。采收时裂果是由于果实皮薄，采收震动而引起裂果。裂果与品种有关，果皮薄、质脆的品种容易裂果。

(3) 防治方法　选择不易开裂的品种、采用棚栽防雨及合理的肥水管理措施，增施钾肥提高果皮韧性，傍晚时采摘，尽量减少果实的震动等均可减少裂果。

8. 西瓜日灼果

(1) 症状　果面组织灼烧坏死，形成一个个干疤。

(2) 发病原因　烈日暴晒引起的日灼与品种有关，也与植株生长状况有关，藤叶少、果实暴露时间长的容易发生日灼。

(3) 防治方法　前期增施氮肥，促进茎叶生长，果面盖草也可防晒。

9. 西瓜脐腐果

(1) 症状　在果脐部位干腐，形成局部褐色斑，果实其他部位无异常。

(2) 发病原因　与品种有关，新红宝时有发生，其他发生较少；也与植株缺钙、土壤干旱有关。有时土壤不一定缺钙，但供水不足也会影响植株对钙的吸收。

(3) 防治方法　适时浇水，促进根系对硼的吸收，进而提高对钙的吸收，防止因缺钙而引起的脐腐。

10. 西瓜肉质恶变果

(1) 症状　发育成熟的果实虽在外观上正常无异，但拍打时发出当当的敲木声，剖开时发现果肉呈紫红色、浸润状，果肉变硬、半透明，同时可闻到一股酒味，完全丧失食用价值。

(2) 发病原因　一是土壤水分骤变降低根系的活性。二是叶片生长受阻，加上高温，使果实内产生乙烯，引起异常呼吸，导致果肉劣变。三是植株感染黄瓜绿斑花叶病毒也会发生果肉恶变。

（3）防治方法　一是加强排水，保持适宜的土壤水分。二是深翻瓜地，多施腐熟的农家肥料，保持通气良好。三是适当整枝，避免整枝过度抑制根系的生长。四是当叶面积不足或果实裸露时，应盖草遮阳。五是防止病毒传播，切断病毒传播途径。

第七章

非耕地日光温室防灾减灾技术

第一节　非耕地日光温室主要灾害

一、灾害分类

非耕地日光温室一般建造在环境比较恶劣的戈壁、盐碱地等地方，缺乏抵御自然灾害的屏障，温室结构及建造技术参数完全不同于常规日光温室，而且生产主要在冬季及早春进行，难免受到大风、暴风雪、寒流、连续阴天等自然灾害威胁与破坏，对非耕地日光温室造成一定的经济损失，影响较大的自然灾害主要有冻害、冷害、雪灾、风灾。

（一）冻害

冻害是农业气象灾害的一种，即作物在0℃以下的低温使作物体内结冰，对作物造成的伤害。"霜后暖，雪后寒"，雪后低温易形成温室内蔬菜叶片冻害和冷害，如果不能及时升温，容易结冰导致死苗。

（二）冷害

冷害是在农作物生长季节，接近0℃以上低温对作物的损害，往往又称低温冷害。冷害使作物生理活动受到障碍，严重时某些组织遭到破坏。但由于冷害是在气温0℃以上，作物受害后，外观无明显变化，故有"哑巴灾"之称。

（三）雪灾

雪灾也称白灾，是因长时间大量降雪造成大范围积雪成灾的自然现象。积雪将温室屋顶和温室棚面压塌，或直接导致温室损毁。积雪融化后，如果不及时排除融水，容易造成日光温室融水侵蚀，造成墙体鼓裂坍塌，棚面掉包，以致造成更大的灾害。

（四）风灾

风灾指大风（6～8 级）给农业生产造成的危害，主要使土壤风蚀、沙化，对农作物和树木产生机械损害，影响农事活动，破坏农业设施，传播植物病虫害和输送污染物质等。

二、灾害分级

按照大风、冰雪、冻害影响范围和程度，分为四级：

（一）特别重大（Ⅰ级）

出现下列情况为特别重大冰雪灾害：

（1）因受大风、冰雪天气影响 50 千米^2 以上区域，全区供电供水、交通运输、农林渔业等遭受特别严重影响，造成 30 人以上死亡，或经济损失在 5 000 万元以上。

（2）全省范围内将出现大风、冰雪灾害天气过程并会造成特大人员伤亡和巨大财产损失的。

（二）重大（Ⅱ级）

出现下列情况为重大大风、冰雪灾害：因受大风、冰雪天气影响，全区供电供水、交通运输、农林渔业等遭受严重影响，造成 10 人以上、30 人以下死亡，或经济损失在 1 000 万～5 000 万元。

（三）较大（Ⅲ级）

出现下列情况为较大大风、冰雪灾害：因受大风、冰雪天气影响，全县供电供水、交通运输、农林渔业等遭受较大影响，造成 3 人以上、10 人以下死亡，或经济损失在 300 万～1 000 万元。

（四）一般（Ⅳ级）

出现下列情况为一般大风、冰雪灾害：因受大风、冰雪天气影响，全区供电供水、交通运输、农林渔业等遭受影响，造成 3 人以下死亡，或经济损失在 300 万元以下。

第二节　灾害预防基本措施

一、灾害预报与预警信号

(一)灾害预报与获取

获取灾害预报是防灾减灾的重要措施。

(1)政府部门根据气象预报,农业以及相关部门利用多种途径,包括口头相传、电话、广播、报纸、地方电视、网络,特别是短信平台向全省农村手机用户发出气象灾害信息,普及抗冻救灾实用技术短信,指导农户利用科学技术抗灾救灾,减轻损失。

(2)冬春季温室生产经营者要千方百计有效获取灾害性农业气象信息。要随时注意天气预报,关注降温、风雪天气变化。

(3)冬春季温室经营者要有收听气象预报的习惯,企业要有农业气象收听的制度,必须每天坚持收听,及时进行布置。有条件的地方利用手机收听和接受农业气象预报信息。

(4)要在温室中悬挂温度计测温,正确的做法是:60米长的温室,悬挂温度计3支,每隔20米悬挂1支,均匀分布在温室中,每支挂于温室中部,且高于蔬菜顶端20厘米处。坚持每天观察蔬菜生长情况,特别是蔬菜生长点,如发现温室温度下降幅度较大,或已经降低到受冻温度,及时采取措施。

(二)我国灾害性天气预警信号

灾害性天气预警信号(以下简称预警信号)分为台风、暴雨、暴雪、寒潮、大风、沙尘暴、高温、干旱、雷电、冰雹、霜冻、大雾、霾、道路结冰、雷雨大风、森林火灾16种。

预警信号按照灾害性天气的严重程度和紧急程度分为一般、较重、严重和特别严重4级,分别以蓝色、黄色、橙色、红色图标表示。

黄色预警信号预示12小时内可能出现对交通或农牧业有影响的降雪,或对农业及其生产设施等影响较大的大风等,接到黄色预警信号应做好预防准备。

橙色预警信号预示 6 小时内可能出现对交通或农牧业有较大影响的降雪或大风，或已出现对交通或农牧业有较大影响的降雪并可能持续。接到橙色预警信号：①应做好道路清扫和积雪融化工作；②驾驶员应小心驾车，保证安全；③将野外牲畜赶到圈里喂养；④采取一定防御措施保护农业设施。

红色预警信号预示 2 小时内可能出现对交通或农牧业有很大影响的降雪或大风，或已出现对交通或牧业有很大影响的降雪并可能持续。接到红色预警信号应关闭道路交通，加强果断防御措施，将损失降到最低。

二、灾害预防基本措施

（一）基本农艺措施

冬季非耕地日光温室生产面临多种冻、寒、雪、大风等灾害，一旦秋季农艺措施实施完成后，冬季就没有办法进行改变了，因此，在秋季进行生产前，就要做好冬季生产抗灾的准备。

（1）选用抗寒耐冻品种，提高蔬菜果品抗寒、抗冻等抗逆性能。

（2）实行高垄（畦）栽培，非耕地日光温室大部分采用无土栽培技术，为了降低成本，栽培槽通常为地下式或半地下式，冬季栽培基质温度低，需阳光辐射和空气热传导来提高基质温度。栽培槽的表面积是影响基质温度高低的主要因素，若采用地下式栽培，栽培槽表面积小，受热面小，接受热量少，而实行高垄（畦）栽培，可显著增大栽培槽表面积 40％左右，栽培槽吸收热量多，增温快，蓄积热量多，不但有利于作物根系的发育、提高根系的活性，达到根深叶茂、生长健壮的目的，而且在夜间又能释放较多的热量，稳定夜间温度，减少冷害、冻害的发生。

（3）全面积覆盖地膜，覆盖地膜后，抑制水分蒸发，不但是降低室内空气湿度，减少病害发生的有效措施，而且还是提高基质温度，维持热量平衡，稳定室内温度、防止作物冻害的最有效措施之一。

（4）及早准备反光膜和有效消除棚雾的电子除雾器、暖风炉、促进蔬菜生长的二氧化碳发生器等，积极应对急剧降温。

（5）喷施植物抗寒剂，寒流来临前用植物抗寒剂300倍液进行叶面喷施，5～7天后再喷1次，有显著防寒作用。如受到寒害影响较严重的蔬菜可采用植物动力2003喷施2～3次，每隔5天喷施1次，可迅速恢复生长。

（6）增施有机肥，底肥及追肥多施腐熟的牛粪、马粪、鸡粪等生热有机肥，同时在垄间覆盖或埋设作物秸秆碎渣等酿热物提高地温。

（7）加固设施结构及辅助设备。在灾害来临前，检查和加固墙体、钢屋架、后屋面、棚膜等设施设备，增强设施抗风雪压性能。

（二）改良保温措施

1. 建造双拱双膜非耕地节能日光温室　双拱双膜结构是专门针对非耕地日光温室保温防寒、抗压而设计的新型结构，建造简单，成本较低，保温防寒，抗风雪压性能优越。在不减少其他保温防寒设施设备的情况下，在温室内侧再建造钢架并覆盖一层活动棚膜，白天内膜卷起，不影响通风透光，夜间放下保温防寒，比普通设施提高温度3～5℃。同时利用双层骨架结构，增强温室抗压性能。

2. 增加覆盖保温

（1）非耕地日光温室散热最大的部分是温室的棚面，占温室围护结构散热的60%以上，其次是后屋面及堆砌层连接处。散热时间主要是夜间，防止措施就是覆盖保温材料，如各类草苫、保温被等。在不影响透光率的情况下，在棚内前沿加挂一层保温幕，保温幕用农用塑料薄膜、无纺布、印花衬布等。

一是尽可能用保温效果好的保温层。河西地区有条件的地方已经使用保温棉被，但仍有部分温室用的都是蒲草加工生产的草苫，缝隙大，通风透气，保温性能低于保温棉被，因此，在投入条件允许的情况下，尽可能地选用质量好的保温材料是增加抗灾防灾能力的重要措施。

二是加盖草帘，对温室后屋面及堆砌层连接处、棚面在原有的草帘上，增加棉被、纸被等覆盖物。

三是不管是哪种保温材料，在草苫或保温被上加盖一层旧棚膜，可以有效地阻止热量散失，提高温度1～3℃或更多。

（2）温室的门、棚膜与前坎、后屋面等处的缝隙是散热的途径之一，防护好可以减少热量散失。因此，对缓冲间和温室入门加挂厚的棉门帘，在温室进门处安装围帘和立幕，也可在温室内增加一道隔离门道，减少热量损失，同时要减少温室出入次数。

3. 搭建拱棚保温 在蔬菜秧苗不太高的情况下，若遇低温、冰雪灾害时，可利用塑料薄膜在温室内栽培畦上搭建小拱棚和多层覆盖，进行夜间保护型栽培，防止散热，对提高地温、保温抗灾具有较好的效果。

温室内增设小拱棚，晚间进行多层覆盖防寒保温，白天揭去覆盖物增加光照；阴雪后骤晴要注意适当遮阴逐渐增加光照；控制浇水，以免降低地温、增加空气湿度、引发病害；晴天加大放风，阴天也要在温度较高的时段适当防风，控湿防病；选用烟剂或粉尘剂防治病虫害。一是根据气象预报，提前扣小拱棚。二是根据蔬菜品种，对个别蔬菜品种采取覆盖地膜，搭建小拱棚覆盖等措施。三是视天气与生长情况，白天加大通风、降温，并适时拆除塑料小拱棚，转为正常栽培管理。

4. 加热增温措施 根据气象预报和温室的状况，在灾害来临时，温室要采取临时人工增温措施：一是架设取暖炉，燃料为煤、秸秆等，需要设置烟囱或烟道，将煤烟排出温室，不向室内漏烟以免造成蔬菜叶面受害。集中连片区可配置温室专用热风机。二是在设施内建造沼气池，在冰冻灾害来临时点燃沼气。或每座温室设一个沼气炉，通入沼气，并点燃使设施增温。用沼气加温不但能够提高设施内的温度，而且可以增加设施内空气中的二氧化碳含量，能大幅度地提高作物的光合效率与产量。没有沼气，用煤气罐取热，也具有等同的效果。三是安装热风炉以提高棚室内夜间的温度。热风炉主要用于温室临时补温，可有效预防冻害，缓解亚低温状况，降低湿度，调节气体循环。一般在温室气温不能满足植物生长，有可能产生冻害时进行补温，深夜或早晨使用。夜间用热风炉燃烧1小时，可使温室夜温提高3～5℃，确保温室最低温度达10℃以上。四是不具备条件的可以在温室内适量、适时燃烧干木柴，不但能随即提高室内温度2～3℃，而且燃烧后产生的二氧化碳，具有温室效应，能减缓室内温度的下降，使清晨时室内的最低温度提高2～3℃。翌日白天作物见光时，二氧化碳是光合作用的主要原料，有利于增强叶片的光合作用，提高产量和品质，但一定要注意烟尘的控制。

在采取以上措施的同时，要注意消防安全，预防温室火灾，避免造成严重损失；同时注意防止加温偏高，保证作物不受冷害即可。

（三）防风技术措施

冬春季温室覆盖层多，温室内温度相对室外高，夜间遇到大风，容易把草帘等吹得七零八落，使屋面暴露出来，加速散热，使作物遭受冻害，或在天气晴好的白天遇到大风，温室内难以进行放风，导致室内温度迅速升高达到作物生长极限高温受害，所以，要采取多种措施防止大风灾害。

1. 安装机械卷帘机和保温棉被　利用卷帘机和棉被整体性及一定自重，进行科学升放达到防风目的。

2. 增加压膜绳　每隔1米拉一道弹性小的绳索，绳子要求两端固定结实；也可使用防风网固定，防风网一般长18米、宽8米，每米重0.56千克，根据温室实际长度购买，将几块防风网用绳索连接并覆盖棚面固定，防风效果非常理想，但成本较高。也可自制简易防风网，即用直径1.5厘米弹性小的绳子编成菱形网覆盖棚面，菱形边长不超过30厘米。

3. 风口膜用简易卷膜器固定　一般用内径20毫米钢管连接，内装细沙增重，东西向连通风口膜，钢管与温室一样长，并固定在卷膜器上。当有大风来临时，用卷膜器关闭风口，使风口膜及风口设施不受破坏，并留有一定空隙进行少量通风换气。

第三节 主要自然灾害的应对及调控技术

一、冬季弱光应对及温室补光技术

日光温室冬季生产中除了温度以外还有一个限制因子是光照。冬季日照时间短，光照不足。因此，延长温室日照时间、增加光照度是蔬菜作物正常生产、增产提质的重要技术保证。

1. 温室后墙张挂反光幕（镀铝聚酯膜），**增加光线反射、散射** 时间为 11 月末到翌年 3 月，在日光温室内张挂反光幕，提高室内光照条件，尤其是改善温室中后部作物光照条件。张挂方法：反光幕材料为镀铝聚酯膜，宽 1 米、长度为温室长度，在温室后墙 2 米高处从东向西拉一根 16 号铁丝固定，将幕布上端折回，包合铁丝固定，下边用细绳固定，使反光幕与地面保持 75°～85°角。

2. 安装植物补光灯（生长灯） 植物生长灯发出指定波长的红光、蓝光、黄光（综合发现为粉红色的光），是植物光合作用必须吸收的光，可解决棚室种植中阴天、雨天、雾天、雪天、冬天光照不足的困扰。经过植物生长的合理补光，蔬菜增收 30% 以上，同时，可缩短苗龄、蔬菜的上市时间。

3. 清扫棚面 棚膜易受灰尘覆盖和污染，使光照减少，透光率降低，要用干净的抹布和拖布等及时进行清洗，以增加光照度和日照时间。

二、阴雪天应对及调控技术

1. 阴雪天要兼顾保温和给光 日光温室的热能量完全来自太阳辐射，阴天的光照也有 4 000～5 000 勒克斯，作物光合作用也在进行，气温也有提高。植株在阴雪天和气温较低的情况下仍可进行微弱的光合作用，产生光合产物供作物生长或维持生命，所以只要温度条件许可，阴雪天也要揭开部分保温帘，让蔬菜见光进行光合作用。不可整天不揭保温帘，使蔬菜在黑暗中度过白天，这样不利于蔬菜生长，极易捂黄叶片，引发各种病害，超过两天不揭就会造成植株的萎蔫或死亡。

2. 降雪天让散射光进入温室　在降雪天气温不太低时，尽量卷起保温覆盖物，让散射光进入温室，同时让雪直接落在棚膜上，便于及时清扫。另外，棚膜上有积雪也具有一定的保温作用。

3. 尽力提高白天室内温度　进入严冬季节以后，白天只要室内温度不高于作物适宜温度的上限 3～4℃ 即可。要减少通风，如果室温过高时，应开启小口通风，使温度维持并稳定在作物适宜温度的上限 3～4℃。阴雪天棚内气温只要短时间在蔬菜生长临界温度以上（果菜类 5～8℃，叶菜类 1～3℃）就不用加温，让蔬菜在低温下度过灾害性天气，减少体内营养消耗，有利于晴天后的恢复生长。

4. 阴雪天严禁浇水　阴雪天气温、地温都比较低，作物生长比较缓慢，根系呼吸、吸收功能较弱，如果阴雪天进行浇水，一方面降低地温，使作物根系无法进行代谢，或沤根死亡；另一方面增加棚室湿度，为病菌危害创造条件。

5. 阴雪天须加强病害防治　为了防止某些病害发生与流行，每隔 7～10 天夜间燃放百菌清等烟剂进行病害预防。

6. 阴雪天夜间须人工增温进行保温防冻　阴雪天室温比较低时，夜间必须人工增温进行保温防冻，直至室温恢复到作物低温安全线以上。

三、久阴骤晴天气应对及调控技术

连续几天低温阴天揭不开保温帘，突然天气转晴，一些菜农就急于将保温帘完全揭开，让蔬菜晒太阳，这是造成灾害损失扩大的因素之一。因此，连阴后突然转晴天的温室管理将成为关键技术措施。

一是遇到久阴骤晴、棚温急剧上升，易造成叶片生理性水分失调，植株萎蔫死亡。注意及时通风但要注意通风口大小，以防止温度骤变对植株造成影响。2～3 天后待植株逐渐适应再转入正常的揭盖管理。在中午光照过强时，"开二盖一"盖上保温帘，下午再揭开。

二是揭开保温帘后由于光照很强，气温迅速上升，空气湿度降低很快，叶片蒸腾加快，而地温较低，根系活动弱，吸收能力很低，会出现水分供不应求，叶片出现萎蔫，叶片越大越严重，开始暂时萎蔫，如不及时采取措施，就会变成永久萎蔫而枯死。

三是遇到久阴骤晴的情况，揭帘后应注意观察，对一般果菜类，当地温处于10℃以下时，根系的生长和吸收基本停止。而且老根的吸收功能急速衰退，新根又难以发生。阴雪天持续时间越长其危害越大。阴雪天后骤然放晴时，如果马上揭苫室温会迅速提升，叶片光照增强，植株向外大量蒸腾水分，而根系在吸水力极弱的状况下又难以满足叶片的蒸腾，如果不及时采取措施就会使叶片形成难以恢复的永久凋萎并最终导致植株死亡。为了防止这种情况的出现，揭帘时不可一下全揭，应该采取试探性的方式即先少揭一些，如先揭起1/3，待一定时间后如果叶片无异常反应可再揭一些，直至全部揭开。如果发现叶片出现萎蔫应及时回苫，等叶片恢复后再揭开，反复数次直到不再萎蔫，或者放花帘，隔一个拉一个这样反复保险一些，也可在萎蔫的苗子上喷清水或1‰葡萄糖水，或1‰白糖水更好。这种放苫、回苫多次恢复性适应过程可能要持续数天。而有时因棚室内低温时间过长、根系死亡过多，即使回苫也无济于事，此时就要考虑重新栽种的问题。

四、大风天气应对及调控技术

大风来临将温室环境及设施进行一次改变和破坏。一是不同程度破坏设施结构及设备；二是改变温室周边温湿度，将温室周边及温室上蓄积热量带走，使温室散热加快，尤其是夜间遭遇大风严重时使蔬菜出现低温影响；三是带来很多尘土和污染物，使棚膜变脏，透光性减弱，影响蔬菜光合作用，夹带的病菌及害虫，通过风口及其他途径进入温室危害；四是遇晴天时，迫使关闭风口，使室内温度急剧升高，蔬菜作物快速失水萎蔫。因此应合理调控，通过科学管理来降低灾害损失。

一是冬春遇大风天气，白天揭开保温帘后，棚膜遇风出现流动现象，时间长了棚膜会破损，作物就会受到冻害，一旦棚膜鼓起，应立即压紧压膜线，临时放半帘压膜即可。加固压膜线，将压膜线南端固定在地锚上，北端绑上石块或沙袋戳在北墙外，随时调节压膜线的松紧，室内温度较低时，要夜间人工补温，并燃放病害防治烟剂。

二是用棚膜黏合剂或透明胶带及时修补棚膜破损部位，防止强风吹入，爆破棚膜和造成温度降低。

三是当风将棚膜吹得上下煽动时，使用草帘的应隔开一定距离放下一副草苫，压住棚膜，防止被风掀起；使用卷帘机的温室，可将卷膜器整体下放至上部位 1/3 处，室内遇到高温，等风过后快速升起卷帘器，并打开通风口，但风口不能拉到位，应缓慢通风降温。

四是大风天禁止浇水，浇水后会使蔬菜作物吸收足量水分，组织器官脆而易断，使作物机械损伤程度加大。

五是连续大风天气，影响通风降温，使蔬菜作物生长受到严重威胁，此时应准备一个功率较大的换风扇，安装在温室缓冲间进行人工辅助换气降温。

六是在前屋面棚膜上设置人工编结的防风网，或大风来临前及时放下保温帘，在保温帘上设置防风网。最好是膜面及保温帘上设置双层防风网，可有效降低大风危害。

五、低温冷害应对及调控技术

低温对日光温室蔬菜生产影响较大，冬季持续低温，会造成设施蔬菜生长停滞，甚至发生低温冷害，转而引发病害，因此，一定要注意收听天气预报，重视对低温冷害的预防。

一是低温来临前采取多层覆盖措施，在夜间增设小拱棚及增加保温帘覆盖，尽量提高棚内温度。

二是采取安全加温措施，夜间利用电炉、电暖气、采暖炉等临时加温，保证棚内温度。

三是低温期蔬菜叶面喷施植物防冻剂，尽量降低低温冷害程度。若低温冷害发生较为严重，则应及时考虑改种或补种，尽快恢复生产，减少损失。

第四节　灾后恢复生产技术

灾害性天气以冻害最为严重，非耕地日光温室蔬菜冬季生产发生冻害损失概率非常高。蔬菜作物一旦发生冻害损伤时，轻则抑止生长，重则组织细胞结冰坏死或整株死亡，如果灾害后能得到及时科学调控救治，不仅能避免蔬菜次生灾害发生，使受冻作物恢复生长，还可最大限度减小灾害损失。

一、冻害后管理技术

一是生命免疫。蔬菜作物叶面喷施植物体的能量合剂天达2116，它具有保持植物细胞膜稳定，激活植物体生命活力，提高植株免疫力和抗逆各种灾害的能力，并能快速修复各种灾害对植物体的损伤。

二是缓慢升温。蔬菜受冻后，不能立即升温，只能使棚内温度缓慢上升，让受冻组织逐步吸收因受冻而失去的水分。太阳出来后应适度敞开通风口，20分钟后再将通风口逐渐缩小、关闭，让棚温缓慢上升进行通风换气。

三是适当遮阴。瓜菜植株受冻后，若直接让阳光照射，极易发生组织失水，干缩萎蔫，情况严重时，植株会死亡。因此，要在棚面上覆盖一层漏光的草苫，也可在棚内搭设遮阴物，以此来减轻阳光照射的强度。傍晚后把外面的覆盖物盖严，第二天只在中午前后的强光阶段适当加覆盖物遮阴，以后便可转入正常管理。

四是合理追肥。对受冻植株合理追施速效肥，既能改善作物的营养状况，又能增加细胞组织液的浓度，增强植株耐寒抗冻能力，促进恢复生长。叶面喷施比土壤追施省肥且肥效快，应依据不同作物的需肥特点，合理喷施。瓜类和茄果类蔬菜一生中对氮、磷、钾的需求比较平衡，以选用三元素复合肥为宜。叶菜类蔬菜一生中对氮肥的需用量最多，应喷施1%～2%尿素水溶液。根茎类蔬菜对钾、磷等元素的需要量较多，可喷施0.3%磷酸二氢钾水溶液。叶面肥要喷洒均匀周到，使叶片正反面都沾满肥液。喷后 7～10 天，再喷施 1 次。叶面喷施可选用植物动力 2003、氨基酸等叶面肥，并及时中耕除草，以促进植株生长。

五是人工喷水。采取预热水适量灌溉和叶面喷水等补水方法，可增加棚内空气湿度，促使受冻组织吸水恢复活力，提高地温和棚内温度，要严禁大水漫灌。

六是剪除枯枝。受冻严重的枝叶，要及时剪除并清出棚外，以免霉变诱发病害。对植株部分冻死的及时剪去死亡部分，促进新枝萌发，尽快恢复生长。

七是防病治虫。冰雪天气对温室蔬菜病害流行有利，蔬菜易遭受病虫害侵袭，要及时喷洒保护剂和杀虫杀菌剂，还要结合追肥，加强管理，尽快恢复生长。雪后解冻，植株恢复生长后，叶面喷施一次甲基托布津、多菌灵、百菌清等广谱性药剂，尽量施用粉剂和烟剂等，以防止灰霉病、菌核病、立枯病等病害的发生。

二、灾后蔬菜恢复生产技术

灾后蔬菜供应常常短缺，生产速生蔬菜，既可以有效增加市场供给，又可以弥补灾害损失，也有利于调整蔬菜茬口。主要速生蔬菜生产如下：

一是芽苗菜生产。芽苗菜生产周期短，产量高，可缓解灾区蔬菜供需矛盾。可利用日光温室大力生产豌豆、绿豆、大豆、萝卜、荞麦芽等芽苗菜。

二是灾情较轻，气温和地温较高的，灾后要迅速抢播普通白菜、大白菜、青蒜苗、芫荽、生菜、苋菜等速生菜，争取早春上市。要抓紧时间利用温室电热温床等快速育苗，有条件的地方要实行集约化育苗，缩短苗期，争取尽快补种。

三是在温室内蔬菜冻死的地块，可在灾后抢播普通白菜、小白菜、芫荽、生菜、苋菜、水萝卜等速生菜，争取在 3～4 月上市；及时采取快速育苗的方法，培育瓜类、豆类等喜温蔬菜以及西甜瓜苗，争取 3 月中下旬定植。